纺织服装高等教育"十四五"部委级规划教材

女装立体裁剪

NVZHUANG LITI CAIJIAN

主 编 钟 利 吴煜君
副主编 侯莉菲 刘 佟 王米佳

东华大学出版社
·上海·

内容提要

本教材是女装立体裁剪课程校企合作成果之一。本书分为八章：第一章立裁基础知识讲解；第二章至第六章主要是利用经典款式讲解各种女装品种的立体裁剪基本技法；第七章赛教结合，解析近年来比较常见的服装技能大赛款式；第八章是校企合作开发真实项目的制作过程呈现。全书图文并茂，过程清晰，步骤详细，通俗易懂。

图书在版编目（CIP）数据

女装立体裁剪 / 钟利，吴煜君主编. — 上海：东华
大学出版社，2023.3
ISBN 978-7-5669-2131-4

Ⅰ.①女… Ⅱ.①钟… ②吴… Ⅲ.①女服—服装
量裁—教材 Ⅳ.①TS941.717

中国版本图书馆CIP数据核字（2022）第207736号

女装立体裁剪
NÜZHUANG LITI CAIJIAN

主　　编：钟　利　吴煜君
副 主 编：侯莉菲　刘　佟　王米佳
出　　版：东华大学出版社（上海市延安西路1882号，邮政编码：200051）
出版社网址：http://dhupress.dhu.edu.cn
出版社邮箱：dhupress@dhu.edu.cn
发行电话：021-62193056　62379558
印　　刷：上海盛通时代印刷有限公司
开　　本：889mm×1194mm　1/16
印　　张：8.75
字　　数：334千字
版　　次：2023年3月第1版
印　　次：2023年3月第1次印刷
书　　号：ISBN 978-7-5669-2131-4
定　　价：68.00元

前 言

　　《女装立体裁剪》是服装设计与工艺国家高水平专业群专业核心课程，教材编写团队积极探索高等职业教育课程改革，强调职业能力的培养，以项目及任务为载体整合教学内容，推行行动导向教学。

　　立体裁剪有"软雕塑"之称，是服装结构设计的方法之一，需要具有审美能力、解析能力、创新能力。立体裁剪是一种比较直观、不受数字和公式束缚的设计方法，特别适合有重叠、覆盖、交叉、缠绕等造型的服装。立体裁剪能激发创作灵感，将造型与面料的特质直观地展示出来，立裁和平面的结合是技术与艺术的融合。

　　本教材是女装立体裁剪课程校企合作成果之一。本书分为八章：第一章主要是立裁基础知识的讲解；第二章至第六章主要是利用经典服装款式讲解各种女装品种的立体裁剪基本技法；第七章赛教结合，解析近年来比较常见的服装技能大赛款式；第八章是校企合作开发真实项目的制作过程呈现。全书图文并茂，过程清晰，步骤详细，通俗易懂。

　　本教材由钟利副教授主编，负责全书的策划、制作、拍摄、编写和校对。全书由成都纺织高等专科学校服装工程与设计学院五位老师共同完成。钟利、吴煜君、刘佟负责立裁制作与拍摄；侯莉菲、吴煜君、刘佟、钟利、熊媛圆负责文字编写；全书插图由钟利、熊媛圆、侯莉菲负责绘制整理。

　　感谢成都王米佳服装公司总经理兼设计师王米佳对本教材及教学工作的技术支持！

　　书中难免存在疏漏和不足，恳请专家和读者指正。

编者

2022 年 2 月

CONTENTS
目录

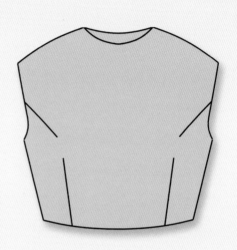

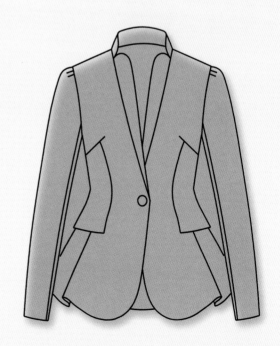

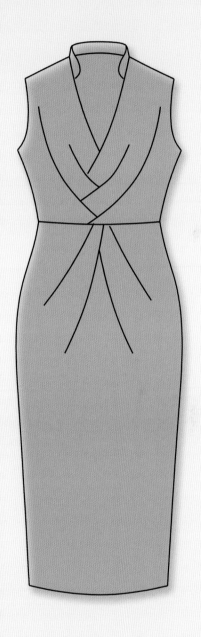

第一章

关于立体裁剪

立体裁剪的基本概念

服装立体裁剪又称服装结构立体构成，是设计和制作服装纸样的重要方法之一。其操作过程是先将布料或纸张覆盖于人体模型或人体上，通过分割、折叠、抽缩、拉展等技术手法制成预先构思好的服装造型，再按服装结构线形状将布料或纸张剪切，最后将剪切好的布料或纸张展平放在纸上制成正式的服装纸样。

服装立体裁剪作为服装结构构成的方法之一，与一切技术方法一样，是伴随着人类衣着文明的产生、发展而形成和逐渐完善的。

人类最初为了保护身体，用树叶、树皮、兽皮等天然素材做简单的遮盖和保暖。发明纺织技术后，便把一块布放在身体上，以自由缠绕、覆盖的方式制成简易的服装。随着时代的变迁，人们在穿着上会依据环境气候、个人喜好、社会地位以及服装的设计线条与功能性等因素，搭配出各式各样的流行服饰。

为了展现个人特色与风格，选择服装前，必须仔细观察人体体型与曲线的变化，还要对服装的轮廓线、剪接线、装饰线等进行通盘的考量。因此，立体裁剪越来越被服装业界重视，也越来越得到广泛且深入的运用，以制作出更多样、更切合需求的立体造型服装。

人体模型

人体模型简称人台，是模仿人体线条所制作的，也是立体裁剪中最重要的工具。人台分立裁人台与展示人台两种。立裁人台不含松量，制作时可以清楚掌握人体与布料之间的空间，通常采用方便插入珠针的材料制作而成。展示人台通常是展示成衣时所选用的造型各异的人台模型。

立裁人台通常可分为半身人台和全身人台。女上半身人台适用于设计整身女装、分体女上装等（图1-1、图1-2）；女裙架人台适合于设计半身裙、连衣裙等（图1-3）；女裤装人台适合进行立体裁剪裤子并对裤子进行调整时使用（图4）；女全身人台适合设计连衣裙、礼服、大衣等（图1-5）；另外还有教学中使用的1/2小人台（图1-6），可以进行各种缩小的女装造型设计。图1-7、图1-8为展示人台。

图1-1

图1-2

图1-3

图1-4

图1-5

图1-6

图1-7

图1-8

立体裁剪工具

图1-9

① 剪刀：尖端锋利，23~25cm长的最好用。

② 珠针：选用直径为0.5mm的立体裁剪专用针，针尖滑顺且细长。

③ 蛇形尺：可以弯折出任意需要的曲线造型。

④ 标示带（2.5mm）：标示基本结构线用黑色或蓝色，设计线用红色或橘色。

⑤ 熨斗：布料使用前，必须用熨斗将褶皱处整

烫平整并整理布纹方向。

⑥ 方格尺/打板尺：测量尺寸、画直线和弧线用。

⑦ 逗号尺/袖窿尺：画领围线、袖窿线或较弯的曲线用。

⑧ 大弯尺：画较平缓弧线用。

⑨ L形直角尺：测量尺寸、画直线和直角用。

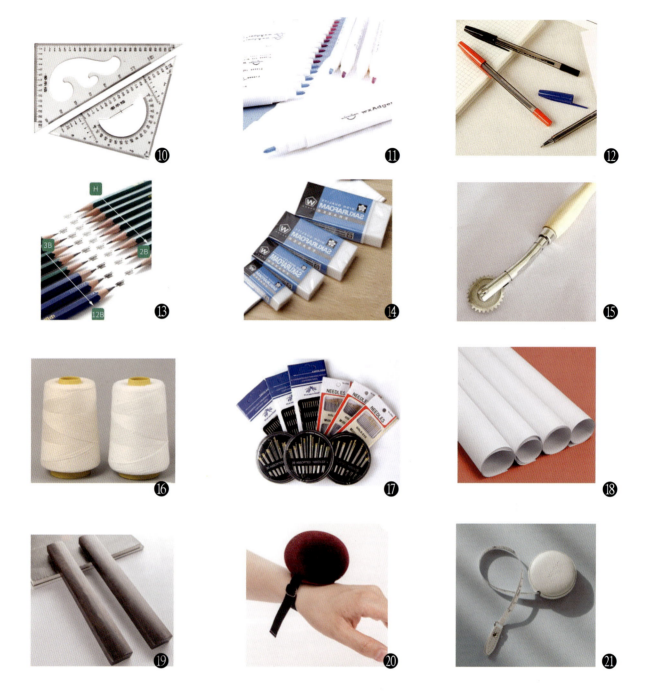

图1-10

⑩ 三角板：辅助画线用。

⑪ 消失笔：做记号用，记号会随着时间自然消失。

⑫ 彩色圆珠笔：做布纹记号用。

⑬ 铅笔：坯布裁剪完成时，画完成线用。

⑭ 橡皮擦：擦去记号用。

⑮ 锯齿滚轮/点线器：将布上的线条拓印在纸上时用。

⑯ 白线：棉质尤佳。

⑰ 手缝针：0.5mm的细长针尤佳，容易刺入坯布。

⑱ 白纸：画版型与拓印版型用。

⑲ 镇纸：压住布与纸型，使它们不会移动。

⑳ 针插：插放珠针用，为了操作方便，通常将针插放在手腕上。

㉑ 皮尺/卷尺：测量尺寸用。

辅助材料

图1-11

图1-12

胸垫：依照服装的款式，可适当调整胸部线条与尺寸，在修正人台体型与做造型时使用（图1-11）。

垫肩：依照服装的款式，可适当调整肩部线条与尺寸，在修正人台体型与做造型时使用（图1-12）。

坯布的种类

进行立体裁剪时，通常选用米白色的具有一定透明度、厚度和挺度的坯布（图1-13、图1-14），坯布一般可分为三种。

① 薄坯布：适合做柔软且有垂坠感的造型。

② 中厚坯布：软硬适中，布纹易分辨，适合初学者使用。

③ 厚坯布：适合做外套、风衣等造型。

图1-13

图1-14

坯布的布纹整理

在进行立体裁剪时，为了提高作品的精致度与精准度，必须先将坯布的经纬纱整烫平整。

坯布的布纹整理方法

如图1-15、图1-16所示，从坯布布边剪开1cm，再用手撕开，把坯布的布边去除，确定经纬纱的方向，再将歪斜的坯布沿斜对角方向拉伸，使直向与横向布纹相互垂直。

如图1-17、图1-18所示，将歪斜的坯布沿另一个斜对角方向拉伸，使直向与横向布纹相互垂直，以平行或垂直的方向移动熨斗，将坯布熨烫平整，使经纬纱呈现出垂直状态。

贴人台标示线

市面上出售的人台并没有贴好人体基础结构标示线，所以将人体基础结构标示线精准地标示在人台上，这个步骤非常重要，立体裁剪最后完成的版型精准度就取决于此。

图1-15

图1-16

图1-17

图1-18

标示线操作步骤

首先，要先训练自己的眼睛，观察人台上的垂直与水平线，并准备好标示带、消失笔、珠针、皮尺、蛇形尺、三角板。

领围线

如图1-19、图1-20所示，取标示带从后颈点开始绕颈部贴一圈，调整领围的圆润度后，贴出领围线，用皮尺测量领围保持在36~38cm。

腰围线

如图1-21、图1-22所示，将人台放置于平稳的地面，从人台正面、侧面找出腰部最细的位置（或用皮尺绑住），用皮尺围一圈，用另一皮尺从后颈点垂直向下悬垂，在悬垂距离离后颈点38cm处做标记，沿着标记用标示带从人台的左侧开始贴出腰围线，从侧面和正面看腰围线都要与地面保持水平。

臀围线

如图1-23、图1-24所示，从人台侧面的腰围线向下量出18~20cm，用珠针固定做好记号，用标示带从人台记号的左边开始贴出臀围线，从正面、侧面和背面看臀围线都要和腰围线保持水平。

图1-19

图1-20

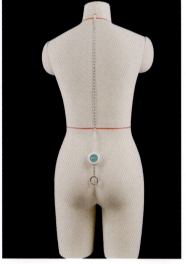

图1-21

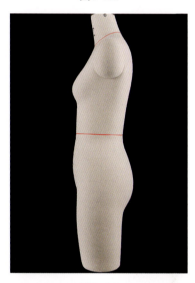

图2-22

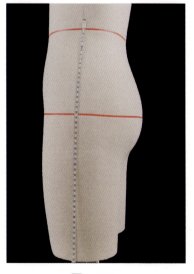

图1-23

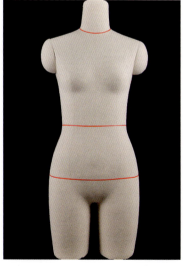

图1-24

胸围线

如图 1-25、1-26 所示，以目测方式从人台侧面找出胸部最凸出的点，以此为 BP 点，左右 BP 点之间的距离 16~17cm，用珠针固定做记号，从人台的左侧开始沿着过 BP 点的胸围一圈贴出胸围标示线，从正侧背三面看胸围线要与腰围线保持水平。

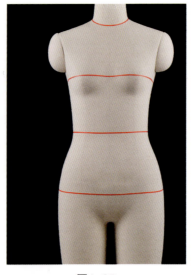 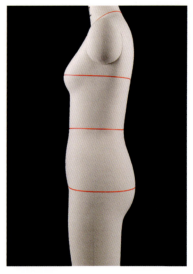

图1-25　　　　　　　　图1-26

前中心线

如图 1-27、图 1-28 所示，将标示带一端固定在前颈窝点，然后保持自然下垂，确定标示线位于人台的正中间后，将标示带贴紧人台，即为前中心线，前中心线贴好后要与三围标示线保持垂直关系。

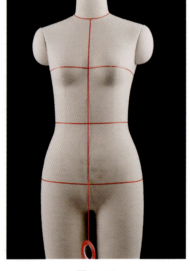 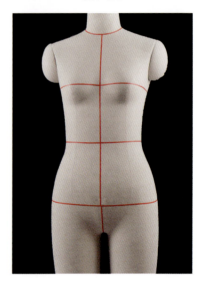

图1-27　　　　　　　　图1-28

后中心线

如图 1-29、图 1-30 所示，将标示带一端固定在后颈窝点，然后保持自然下垂，确定标示线位于人台的正中间后，将标示带贴紧人台，即为后中心线，后中心线贴好后要与三围标示线保持垂直关系。

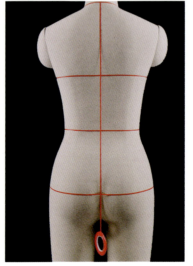 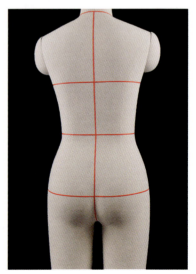

图1-29　　　　　　　　图1-30

侧缝边线

如图1-31、图1-32所示，从人台侧面贴出肩线，保持两肩端点距离38cm，从肩端点向下使标示线平分侧腰线，使腰围以上的胁边线向后偏移，从腰线向下使标示带一端自然下垂，确定静止不动后将标示带贴紧人台，贴出胁边线。

袖窿线

如图1-33、图1-34所示，保持前胸宽距离在31~32cm，后背宽距离在34~35cm，从肩点开始用蛇形尺绕一圈，袖窿长度取41~42cm，将肩点到前腋点再到后腋点整圈的袖窿调整圆润，袖窿呈现出向前倾斜的椭圆形状，根据调整好的位置做好记号，用标示带从肩点开始贴出袖窿线，袖窿线贴好后如需调整，可以采用珠针进行圆润度调整。

其它说明

如图1-35、图1-36所示，通常立体裁剪的服装完成后在人体胸部位置形成的是一个平面造型，不需要完全贴合胸部的凹陷立体造型，所以我们可以裁剪一条坯布布条，将胸部位置贴出如图所示效果，使胸部BP点之间形成一个平面，在此基础上再用标示带贴出胸围线和前中心线。

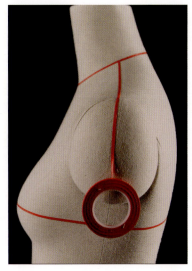

图1-31

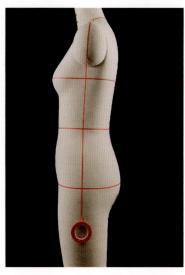

图1-32

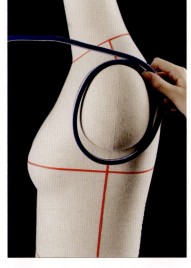

图1-33

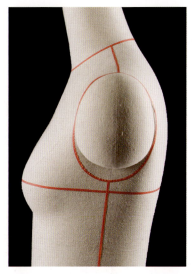

图1-34

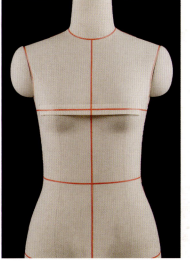

图1-35

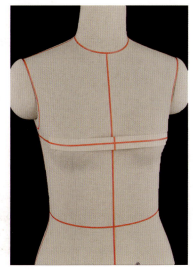

图1-36

立体裁剪基本针法

在立体裁剪操作的过程中，珠针的别法是非常重要的，若别法不正确会影响服装造型，造成视觉上的误差。在立裁操作中，遇到直线时珠针的距离可以稍宽，遇到曲线时珠针的距离要密集一点，且珠针应统一固定方向为直别、横别或斜别，这样就能维持服装整齐统一的视觉效果。

常用的珠针固定方法如图1-37所示，从左到右依次为以下几种：

1.盖别固定法

上层布料的缝份折入，对齐下层布料的完成线，用珠针挑起两层布料别0.1~0.2cm，针尖露出0.1~0.2cm。通常盖别固定法又分横别、斜别和竖别三种，横别与折边保持垂直，斜别与折边保持45°角，竖别与折边保持平行，盖别固定法一般用于胁边线、肩线、剪接线。

2.抓别固定法

布料与布料抓合于正面，用珠针直别固定别0.2~0.3cm，针尖露出0.1~0.2cm，抓别固定法一般用于尖褶、胁边线、肩线、剪接线。

3.重叠固定法

布料与布料上下重叠在一起后，用珠针直别0.2~0.3cm固定在完成线上，针尖露出0.1~0.2cm，重叠固定法一般用于公主线等。

4.藏针固定法

上层布料的缝份折入，对齐下层布料的完成线，用珠针从上层布料的折线扎入下层布料别0.2~0.3cm，再往上层布料的折线中别0.2~0.3cm后，扎入下层布料即完成，完成后从外观上只会看见珠针的尾端，藏针固定法一般用于袖子和领子。

立体裁剪样板精准制作的方法

当立体裁剪完成后，需要将立体裁剪样板修正，这样才可以得到精确的样板，从而进行下一步的缝制。立体裁剪完成的坯布样板精确度不高，可以通过下面的方法进行精准制作。

如图1-38、图1-39所示，将立体裁剪完成的坯布样片取下，保留固定省道、褶裥和侧缝的珠针，平铺后用逗号尺参考之前立裁过程中的标记点，画顺前后袖窿弧线。

如图1-40、图1-41所示，将前后衣片在肩线处用珠针固定，注意固定珠针时保持肩部吃量，平铺后用逗号尺参考之前立裁过程中的标记点，画顺袖窿弧线和领围线。

如图1-42、图1-43所示，将前后衣片在侧缝处用珠针固定，保持前后侧缝线等长，平铺后用逗号尺参考之前立裁过程中的标记点，画顺底边线。最后将立裁样板熨烫平整，根据标记点画出省线、褶线和轮廓线，再根据工艺要求修剪缝边，完成立体裁剪样板的精准制作。

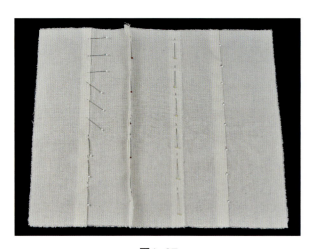

图1-37

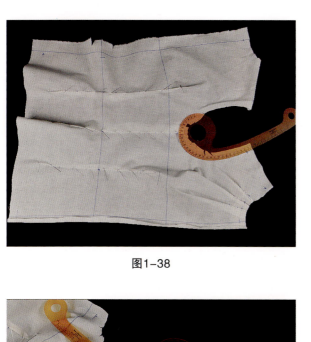

图1-38

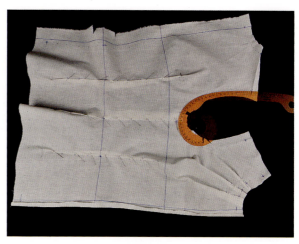

图1-39

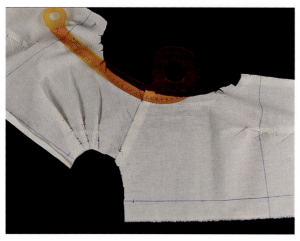

图1-40

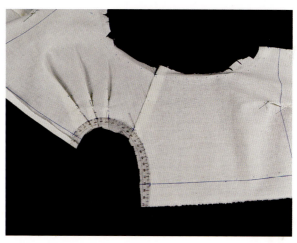

图1-41

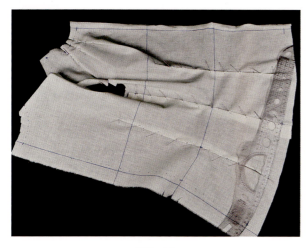

图1-42

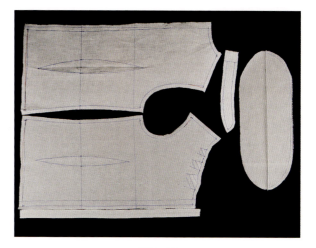

图1-43

第二章

半身裙立体裁剪

木耳边直身裙

订单款式图（图2-1、图2-2）

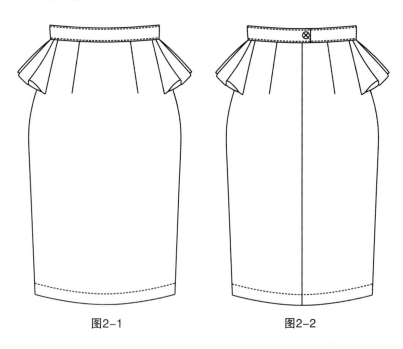

图2-1　　　　　　　　图2-2

款式分析

前身：2个腰省+木耳边，靠近
　　　侧缝的腰省藏于木耳边中

下摆：直摆，卷边

后身：2个腰省+木耳边，靠近
　　　侧缝的腰省藏于木耳边中

后中开口：隐形拉链，独立腰
　　　头设计+单粒扣

立裁准备

　　准备好贴了人体基础标示
线的人台，然后根据取料图准
备立裁用白坯布。

取料图（图2-3）

部位	长（cm）	宽（cm）
前片	60	30
后片	60	30
腰带	78	9
木耳边	30	30

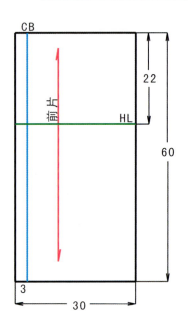
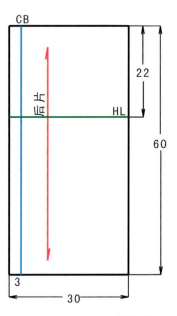
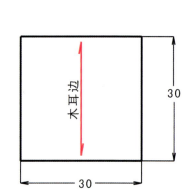

图2-3

立裁制作（前身制作）

如图2-4、图2-5所示，将白坯布的前中心线、腰围线、臀围线和人台相应标示线对齐并使用固定针法将布片固定在人台上。注意固定针的位置一般分别选择在腰围线、臀围线和前中心线以及它们同侧缝线的交点处。

如图2-6、图2-7所示，保证前中固定的大头针不能移位，推平前腰腹部将多余的坯布往侧缝方向堆，再用同样方式推平侧腰腹，将前身理平顺，预留0.5cm的腰部松量和约1cm的臀围松量，然后把堆在前中和侧缝之间的坯布余量平均地推至半腰围的1/3和2/3处，捏合前身的两个腰省用折叠针法固定并描出省道的大小、长度和位置。注意别针时针头不宜出来太多，大约用整个大头针的1/3前端进行固定，固定时保留针的方向一致，针距约在3~5cm。

立裁制作（后身制作）

如图2-8、图2-9所示，将白坯布的后中心线、腰围线、臀围线和人台对齐并固定，然后分别推平前中和侧缝位的腰围部，并用大头针将余量固定在后中线和侧缝线的1/3和2/3处。

图2-4

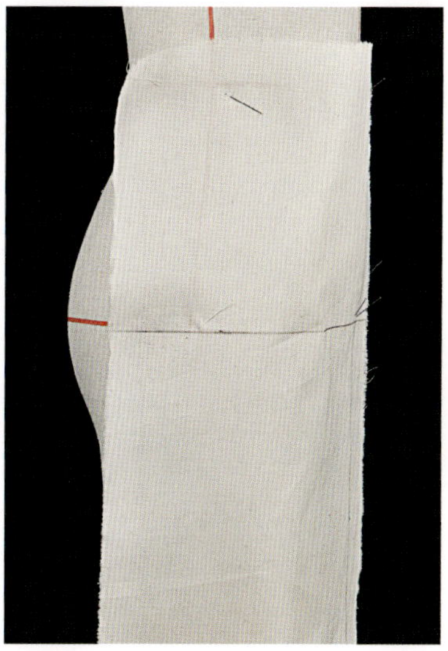

图2-6

图2-7

图2-5

图2-

图2-9

如图2-10、图2-11所示，同前身一样分别在腰围处预留0.5cm松量，后臀围预留1~1.5cm的松量，按照前身同样手法将后身的两个腰省捏合固定，用大头针采用折叠针方式别合侧缝线，注意前后腰围线和臀围线在一条直线上，前后片别合后保持平衡，不能出现不良褶皱。

图2-10　　　　　　　　　图2-11

立裁制作（底摆制作）

如图2-12、图2-13所示，沿前后中心线折边，整理好腰部，距离腰围线预留1cm的毛缝便于绱腰头，按照款式图将底摆卷边用珠针固定，注意底摆与地面始终保持平行。

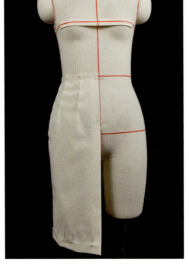 

图2-12　　　　　　　　　图2-13

立裁制作（木耳边制作）

如图2-14、图2-15所示，按照款式图制作好木耳边，整理木耳边的大小并修剪木耳边的长度，注意将腰省藏于木耳边中。

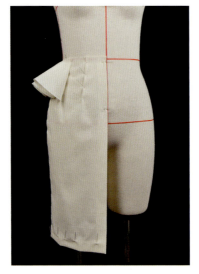 

图2-14　　　　　　　　　图2-15

立裁制作（腰头制作）

如图2-16、图2-17所示，用珠针别合腰头，注意后中心下落1cm，整理平顺。

图2-16　　　　　　　图2-17

整理样板

如图2-18所示，将所有衣片取下画出省道位置，腰围线和造型线根据款式要求预留好毛缝，完成木耳边直身裙的工业样板。

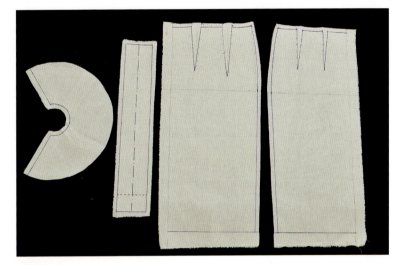

图2-18

整装效果

如图2-19、图2-20所示，将整理后的裁片重新别合好放置在人台上，检查各部位的松量是否合适，服装整体廓形是否符合款式需要，比例是否合适，前后面是否平整。

图2-19　　　　　　　图2-20

不对称褶裥裙

订单款式图（图2-21、图2-22）

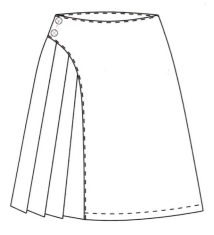

图2-21

图2-22

款式分析

前身：不对称百褶斜裙，2粒装饰扣

下摆：弧线底摆，卷边

后身：2个腰省

立裁准备

如图2-23、图2-24所示，用蓝色标示带在人台上按照订单款式贴出所需要的造型线，注意比例和款式图保持一致。此款裙子左右不对称且前中没有缝合线，所以左前片需要超过前中线7~8cm。

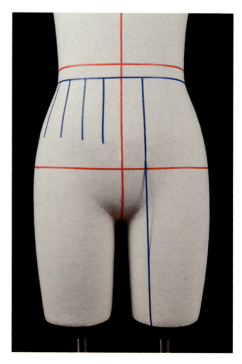

图2-23

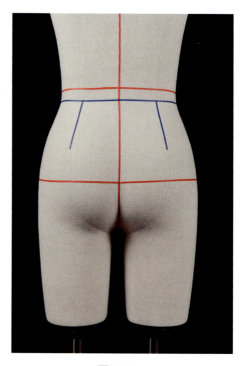

图2-24

取料图（图2-25）

部位	长（cm）	宽（cm）
前左	55	65
前右	55	80
后片	55	65

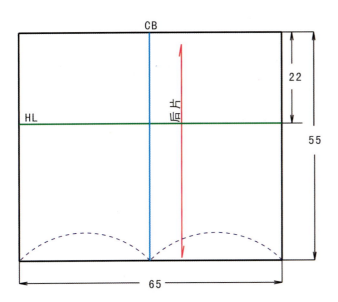

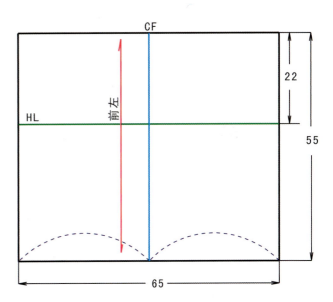

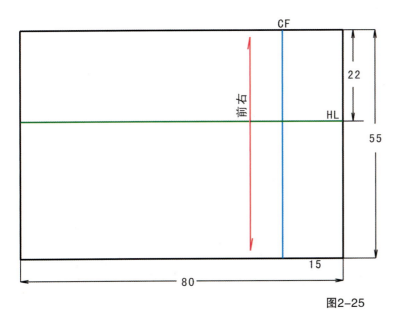

图2-25

立裁制作（左前身制作）

如图2-26、图2-27所示，将白坯布的前中心线、腰围线、臀围线和人台相应标示线对齐，用大头针固定，注意选取合适的扎针方式进行固定。然后根据蓝色标示线找到褶裥位置，捏好褶裥，调整好褶裥大小并用大头针固定，用蓝色标示带重新贴出腰围线，用记号笔描出左前片的造型线。

如图2-28、图2-29所示，在臀部预留适当的松量，根据款式效果图用蓝色标示带在裙身上贴出侧缝线，清剪腰部、侧缝和前中多余的坯布。

立裁制作（右前身制作）

如图2-30、图2-31所示，先将右前片的腰围线、臀围线和前中心线与人台对齐并固定，然后在腰头部位均匀打剪口。注意剪口不能超过人台的腰围线，以前中心线为起点将左右腰腹位置推平贴合人台腰部，使坯布上的腰围线和臀围线自然下掉。最后根据款式图用蓝色标示带在坯布上贴出此款裙子的腰围线，按照款式图贴出右前片的造型线，清剪多余坯布。

图2-26

图2-27

图2-28

图2-29

图2-30

图2-31

立裁制作（后身制作）

如图2-32、图2-33所示，将后片的臀围线和后中心线与人台对齐并固定，分别以后中心线和右侧缝线为起点向中间推平，将坯布的余量推至侧缝和后中心线之间，保证前后臀围松量一致，即裙身与人台在臀围线上的空间距离一致，使后臀围线自然下落与前片臀围线相交，用大头针别合侧缝线。首次缝合时可以采用重叠缝针法缝合侧缝。

如图2-34、图2-35所示，清剪侧缝多余毛缝，将后腰臀之间的余量捏合成腰省，腰省位置在后中心线与侧缝线的中点处，请注意腰省长度不能超过臀围线，清剪腰头多余坯布保留1.5~2cm的毛缝，用记号笔点出侧缝线位置。

如图2-36、图2-37所示，按照右后身的做法完成左后身的制作，并整理好侧缝后用折叠针法缝合侧缝。完成裙身立裁后请对裙身进行整理检查：①对照款式图看是否还有需要调整的细节；②检查裙身的整体松量是否满足日常活动和款式要求；③检查是否有不良褶皱，如果有则需要再次调整该部位的裙身结构；④最后请注意所有扎针方向保持一致，针距不宜过宽或者过窄，在3~5cm之间最佳。

图2-32

图2-33

图2-34

图2-35

图2-36

图2-37

整理样板

如图2-38、图2-39所示，将裁片从人台取下之前请再次检查是否所有结构和造型线都已经描点好了，如有遗漏请及时描补，然后再取下裁片，如图所示用曲线尺分别画顺前片的左右腰围线。

如图2-40所示，将前片左右侧缝线重叠，检查侧缝长度是否一致，并用曲线板修正前片左右裁片的底摆弧线。

如图2-41所示，将前后片的侧缝线重叠，

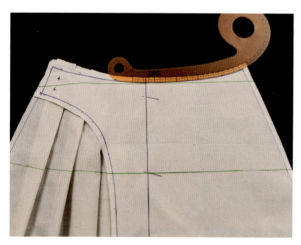

图2-38

图2-39

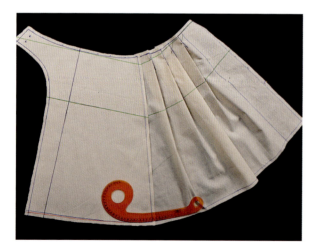

图2-40

图2-41

用曲线板修正底摆弧线。

如图2-42、图2-43所示，将后片取下，对折后中心线使其左右对称，根据前面的描点画好底摆、腰省和侧缝的结构线和造型线。

如图2-44所示，将前后侧缝线重叠，画顺

腰围线。

如图2-45所示，查核样片是否完整并标记好，然后清剪好所有样片的毛缝，保留1cm毛缝，最后完成该款的工业样板制作。

图2-42

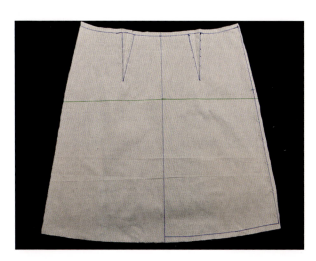

图2-43

图2-44

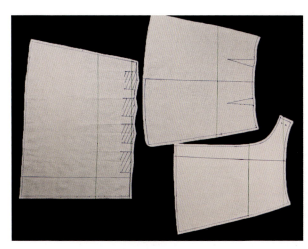

图2-45

整装效果

　　如图2-46~图2-48所示，
将整理后熨烫平整的裁片重新
别合成为完整的一条裙子穿在
人台上，注意扎针的方向和针
距大小且在展示效果时不能使
用固定针法，以保证裙子是真
正穿在人台上。最后再次检查
各部位的松量是否合适，服装
整体廓形是否符合款式要求，
比例是否合适，前后侧面是否
平整。

图2-46

图2-47

图2-48

第三章

基础上衣立体裁剪

经典女装原型

订单款式图（图3-1、图3-2）

图3-1

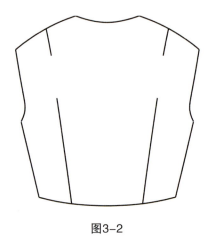

图3-2

款式分析

前身：袖窿省+腰省

后身：肩省+腰省

取料图（图3-3）

部位	长（cm）	宽（cm）
前片	51	32
后片	51	30

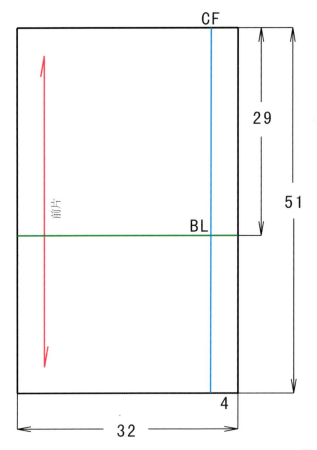

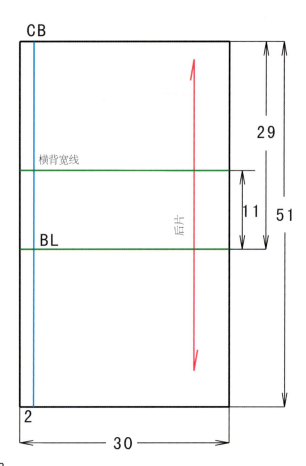

图3-3

立裁制作（前身制作）

如图3-4、图3-5所示，将白坯布的前中心线、胸围线、腰围线和人台对齐并固定，固定侧缝处，粗裁领口，推平肩部，预留1~1.5cm胸围松量，理顺袖窿，将余量推至胸侧袖窿处。

如图3-6、图3-7所示，固定侧缝，布料余量推至胸高下垂直腰线位置，将胸部袖窿处形成的余量别合，腰部多余的布料别合，标记省尖位置，标记点影线，形成胸省和腰省。

立裁制作（后身制作）

如图3-8、图3-9所示，将后衣片布料的后中心线、背宽线和人台对齐并固定，领窝打剪口，推平布料，肩部布料的余量推至肩线中部，形成肩省并固定。

图3-4

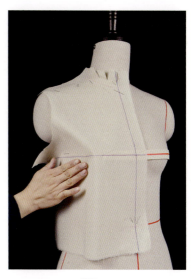

图3-5

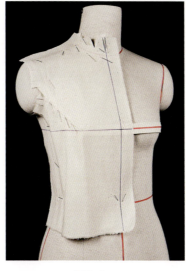

图3-6

图3-7

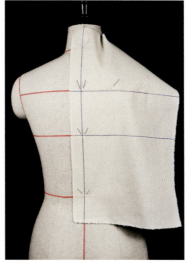

图3-8

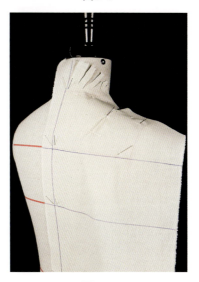

图3-9

如图3-10、图3-11所示，粗剪袖窿，固定侧面布料，背宽处保留一定的胸围松度，固定侧缝，腰部布料打剪口，多余布料进行整理并用珠针别合形成腰省。

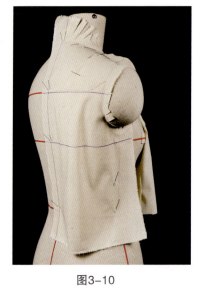

图3-10

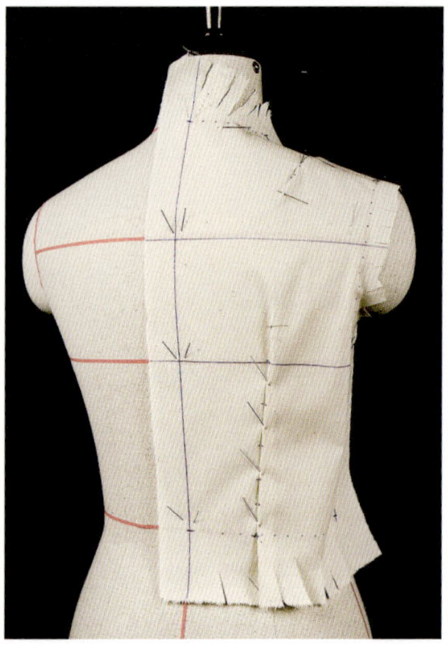

图3-11

如图3-12、图3-13所示，整理布料，粗略修剪，固定轮廓线位置，标记点影线。

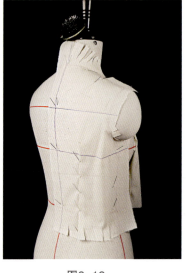

图3-12

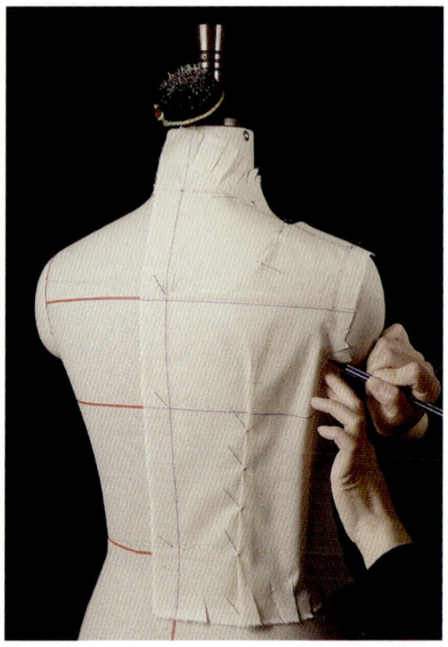

图3-13

如图3-14、图3-15所示，别合前后片侧缝和肩缝，检查外观合体度，完善细节。

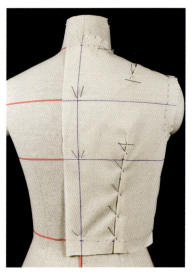

图3-14

图3-15

整理样板

如图3-16、图3-17所示，将裁片从人台上取下，画顺前后袖窿弧线。

如图3-18~图3-20所示，检查前后肩部、前后领口过渡是否顺直，腰线是否圆顺。

如图3-21所示，修剪缝边，检查清理前后衣片。

图3-16

图3-17

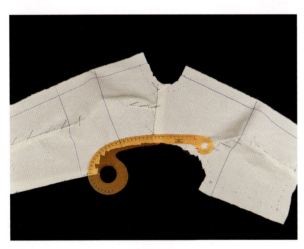

图3-18

图3-19

图3-20

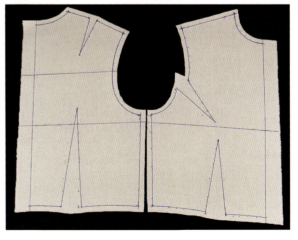

图3-21

整装效果

如图3-22~图3-24所示,将整理后的裁片重新别合好放置在人台上,检查各部位的松量是否合适,前后侧面是否平整。

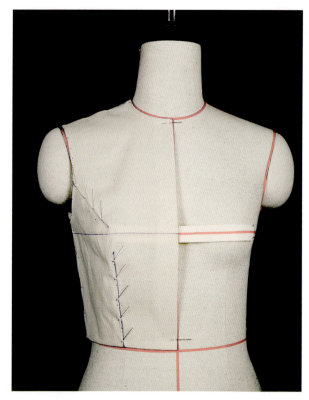

图3-22

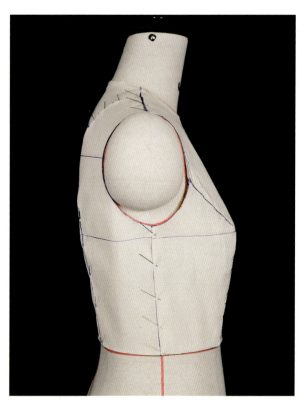

图3-23

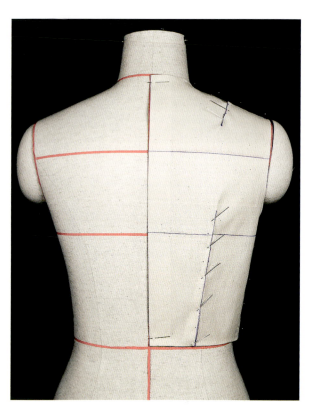

图3-24

拓展练习：胸省的位置变化与外观效果

如 图3-25~图3-30所示，将布料分别沿基础线、胸高点固定，将布料的余量沿不同位置进行推送，审视外观效果，通过该练习可以理解胸省的转移和变化原理。

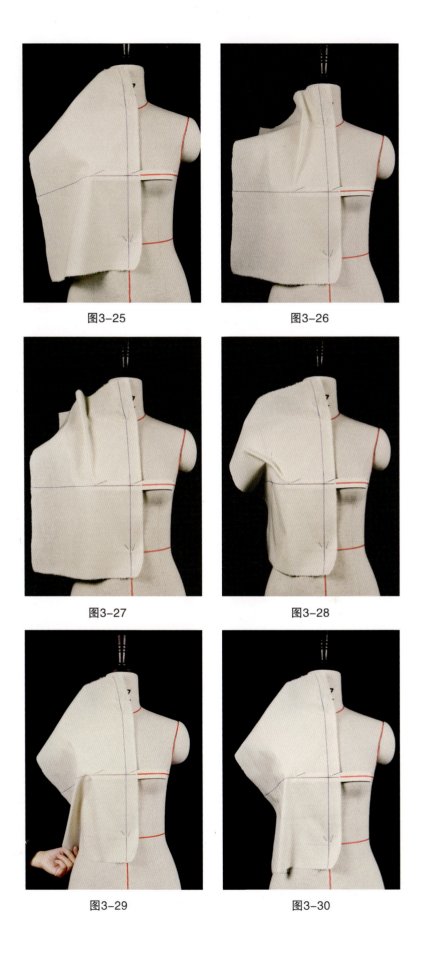

图3-25

图3-26

图3-27

图3-28

图3-29

图3-30

弧形分割碎褶小上衣

订单款式图（图3-31、图3-32）

图3-31

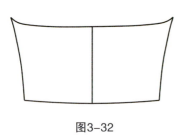

图3-32

图3-33

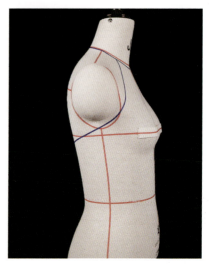

图3-34

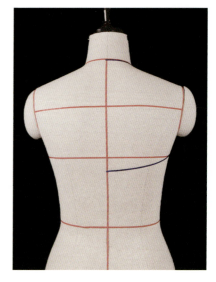

图3-35

款式分析

前身： 领口收褶，腰身合体

后身： 合体露背

衣领： 立领

立裁准备

如图3-33~图3-35所示，用蓝色标示带在人台上按照订单款式贴出所需要的造型线，注意比例和款式图保持一致。该款式为高腰无袖结构，前身至后背止口线流畅，后身露背结构，衣领为立领，前领中心有褶裥设计。

取料图（图3-36）

部位	长（cm）	宽（cm）
前片	51	32
后片	23	30
领子	48	10

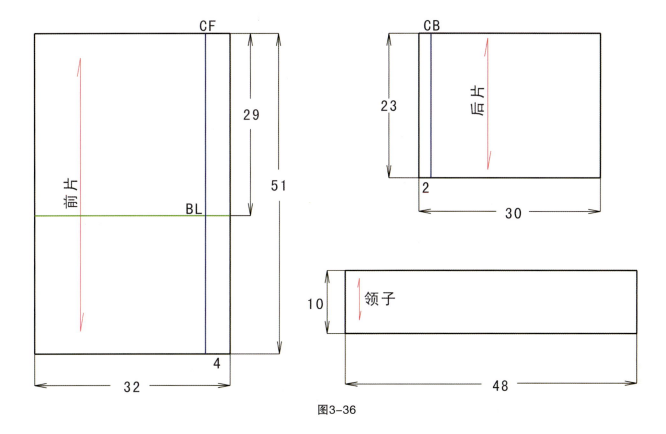

图3-36

立裁制作

如图3-37、图3-38所示，将白坯布的前中心线、胸围线、腰围线和人台对齐并固定，粗裁腰线位置，推平腰部侧缝，预留1~1.5cm胸围松量，将余量推至胸围线以上。

如图3-39~图3-41所示，将余量整理至领口处，捏合细小褶量，用胶带固定使其均匀自然。

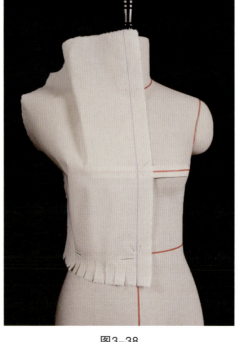

图3-37　　　　　　　　　　图3-38

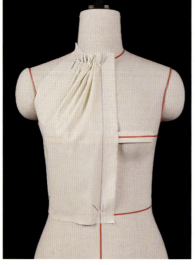
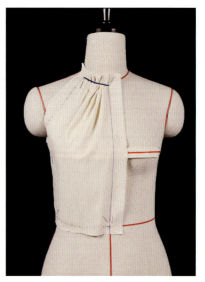

图3-39　　　　　　　　图3-40　　　　　　　　图3-41

如图3-42所示，熨烫立领布料形成褶裥，整理平整。

如图3-43~图3-46所示，固定立领，标记结构点影线，保留胸部和腰部适量的合体松度。

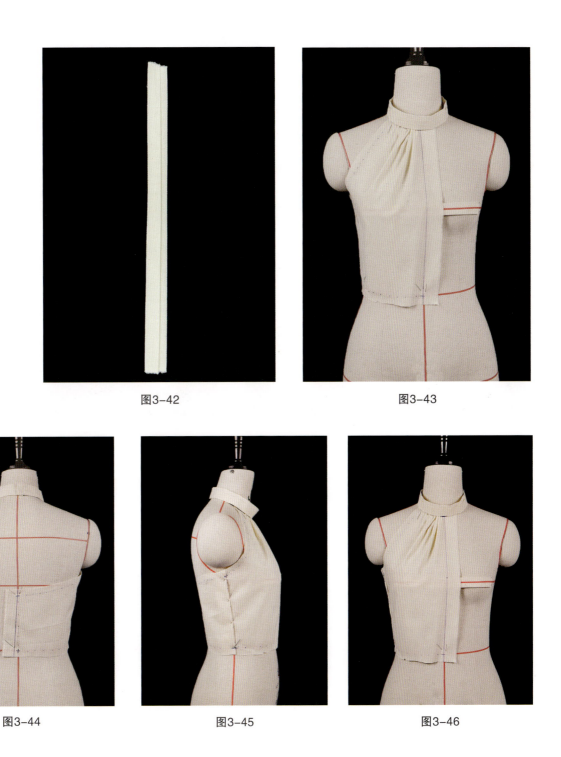

图3-42

图3-43

图3-44

图3-45

图3-46

整理样板

如图3-47~图3-49所示，将裁片从人台上取下，画顺领口弧线和前后腰口弧线。

如图3-50所示，标记好领口褶裥位置，修剪缝份，将布样整理平整。

图3-47

图3-48

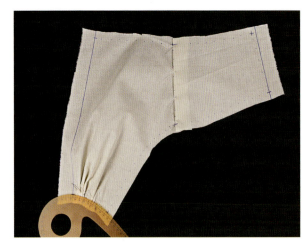

图3-49

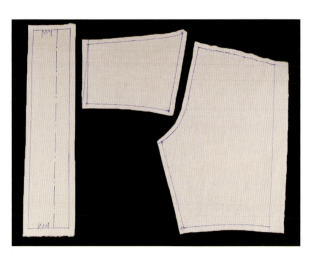

图3-50

整装效果

如图3-51~图3-53所示，将整理后的裁片重新别合好放置在人台上，检查各部位的松量是否合适，服装整体廓形是否符合款式需要，比例是否合适，前后侧面是否平整。

图3-51

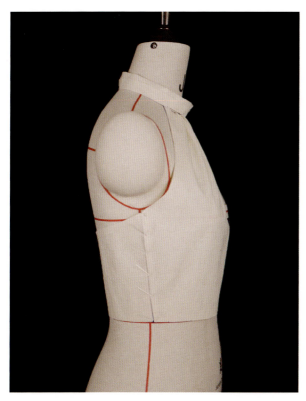

图3-52

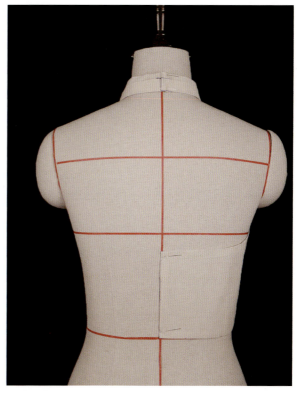

图3-53

第四章

连衣裙立体裁剪

交叉褶连衣裙

订单款式图（图4-1、图4-2）

图4-1　　　　　图4-2

款式分析

前身：H廓形，上身2对交叉褶，下身2对交叉褶

下摆：窄摆

后身：后中断开，收腰省、领省

衣领：V形立领

衣袖：无袖

立裁准备

　　如图4-3~图4-5所示，用蓝色标示带在人台上按照订单款式贴出所需要的造型线，注意比例和款式图保持一致，腰节线位置高于人台腰围线2cm。

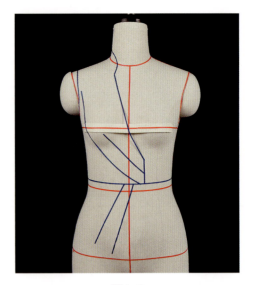

图4-3

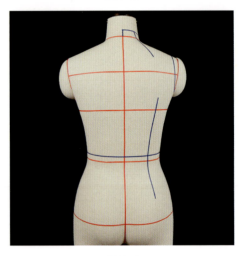

图4-4

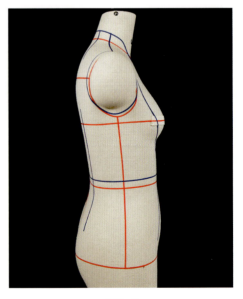

图4-5

取料图（图4-6）

部位	长 （cm）	宽 （cm）
前上	65	40
前下	75	32
后上	55	30
后下	75	30

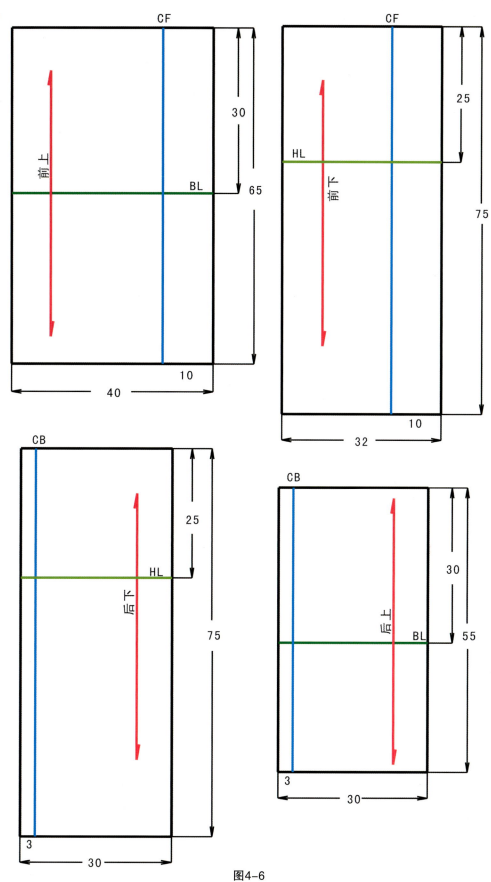

图4-6

立裁制作（前身制作）

　　如图4-7、图4-8所示，取适量大小布料，将白坯布的前中心线、胸围线和人台上相应标志线对齐并固定，粗剪领口，推平肩部，预留1.5~2cm胸围松量，理顺袖窿，将余量推至下摆处。

图4-7　　　　　　　　　　　　图4-8

　　如图4-9、图4-10所示，将白坯布下摆的量推至前中线，捏成两个褶，将前片多余量整理至第二个褶里，按照造型线的位置对领口、袖窿、腰线预留1.5cm的缝份进行粗剪，标出造型线记号点。

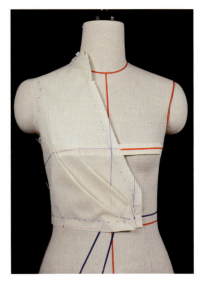

图4-9　　　　　　　　　　　　图4-10

立裁制作（后身制作）

　　如图4-11、图4-12所示，取适量大小布料，将白坯布的胸围线和人台对齐并固定，背宽线以上的后中线对齐人台后中，背宽线以下的后中线向左撇开人台后中1.5cm，将背宽线推平，把多余的量从肩部推至后领大约1/2处，形成领省。

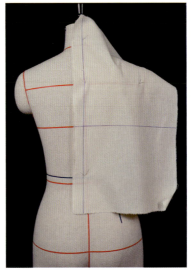

图4-11　　　　　　　　　　　　图4-12

如图4-13、图4-14所示，将后片腰部余量收成省道，留1cm余量做活动量，标出造型线记号点，最后按照造型线的位置对领口、袖窿、腰线预留1.5cm的缝份进行粗裁。

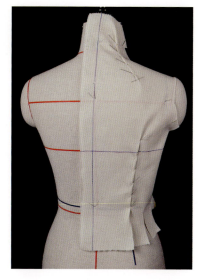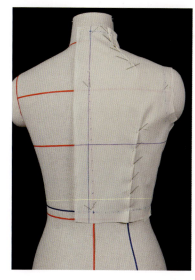

图4-13　　　　　　　　　图4-14

如图4-15、图4-16所示，将前后裁片别合起来检查整体造型效果并调整松量。

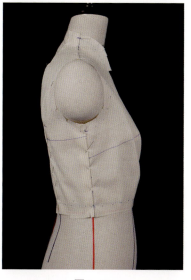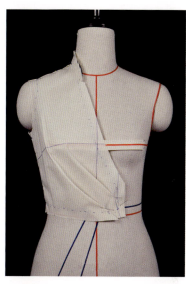

图4-15　　　　　　　　　图4-16

立裁制作（下身制作）

如图4-17、图4-18所示，将上身衣服翻起固定，取适量大小布料，将白坯布的前中心线、臀围线和人台对齐并固定，将侧缝提起来，让固定好的臀围线向上偏移，形成窄摆；把腰口多余松量推至前中，形成两个褶并整理褶的形状，使其成发散状，标出造型线记号点。

图4-17　　　　　　　　　图4-18

如图4-19、4-20所示，取适量大小布料，将白坯布后中心线、臀围线和人台对齐并固定，腰部多余松量推到1/2腰口处形成省道，省尖消失在臀凸上；别合侧缝及上下腰口线，检查腰部松量是否合适，标出造型线记号点。

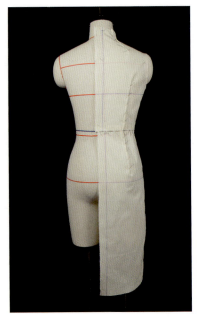

图4-19   图4-20

整理样板

如图4-21、图4-22所示，将裁片从人台上取下，保留固定省道、褶裥和侧缝的珠针，保持前后侧缝长度一致，用逗号尺画顺腰口线，并检查长度保持一致。

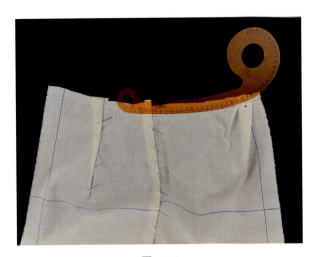

图4-21   图4-22

如图4-23、图4-24所示，将前后衣片在肩线处用珠针固定，平铺后用逗号尺参考之前立裁过程中的标记点，画顺袖窿弧线和领口弧线。

如图4-25、图4-26所示，将前后衣片在侧缝处用珠针固定，保持前后侧缝线等长，平铺后用逗号尺参考之前立裁过程中的标记点，画顺前后袖窿弧线。

如图4-27、图4-28所示，将立裁样板熨烫平整，根据标记点画出省线、褶线和轮廓线，并根据工艺要求修剪缝份。

图4-23

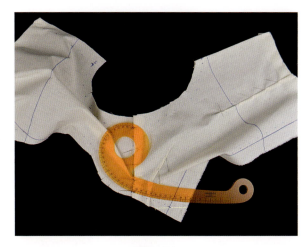

图4-24

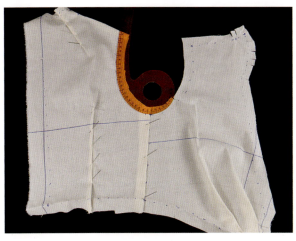

图4-25

图4-26

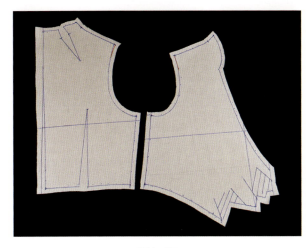

图4-27

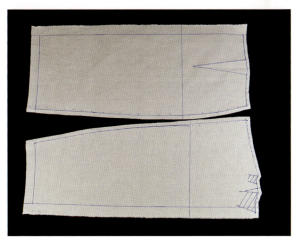

图4-28

整装效果

　　如图4-29~图4-31所示，将整理后的裁片重新别合好放置在人台上，检查各部位的松量是否合适，服装整体廓形是否符合款式要求，比例是否合适，前后侧面是否平整。

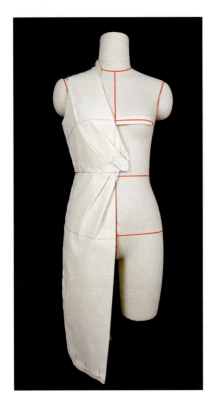

图4-29

图4-30

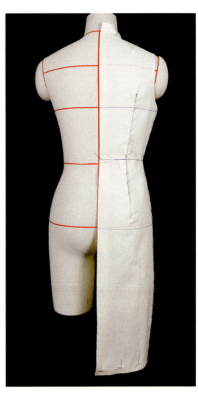

图4-31

刀背缝平领喇叭裙

订单款式图（图4-32、图4-33）

图4-32

图4-33

图4-34

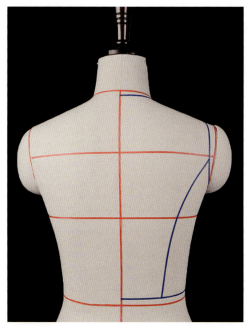

图4-35

款式分析

前身：刀背缝＋分割线，腰部横向分割，前
中开口

下摆：波浪摆

后身：刀背缝分割线

衣领：平领

衣袖：无袖

立裁准备

　　如图4-34、图4-35所示，用蓝色标示
带在人台上按照订单款式贴出所需要的造型
线，注意比例和款式图保持一致，腰节线位
置高于人台腰围线2cm。

取料图（图3-36、图3-37）

部位	长（cm）	宽（cm）
前中	52	27
前侧	37	20
后中	52	27
后侧	42	20
前下	80	80
后下	80	80
领子	30	30

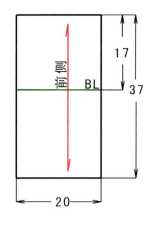

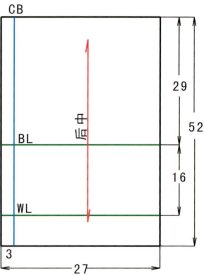

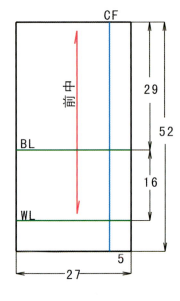

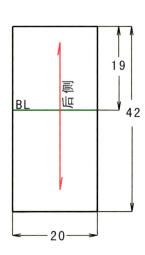

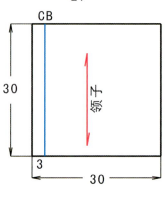

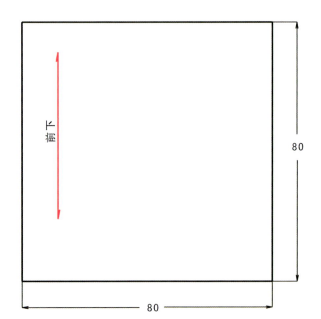

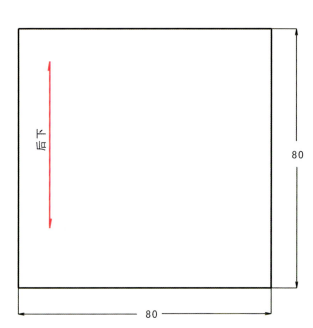

图4-36

立裁制作（前身制作）

如图4-37、图4-38所示，取适量大小布料，将白坯布的前中心线、胸围线、腰围线和人台对齐并固定，粗剪领口，理顺前片，将余量推至刀背缝分割线处，参考标示线修剪袖窿和刀背缝分割处多余布料。

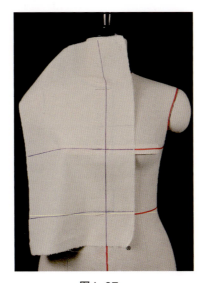
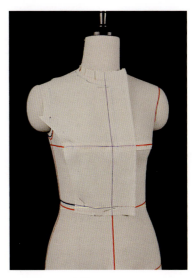

图4-37 　　　　　　　　　图4-38

如图4-39、图4-40所示，将前中门襟量折转固定，翻开前中裁片并固定，取适量大小布料，将白坯布胸围线和人台对齐并固定，保持径向垂直于地面。在前侧片上标出记号点，修剪缝份并将前侧片和前中片在刀背缝分割处用珠针别合固定，预留1~1.5cm胸围松量和腰围松量。

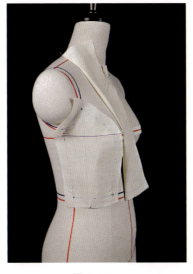
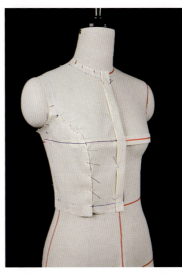

图4-39 　　　　　　　　　图4-40

立裁制作（后身制作）

如图4-41、图4-42所示，取适量白坯布，将白坯布后中心线、胸围线、腰围线和人台相应标记线对齐并固定，粗剪领口，理顺后片，将推出的多余量分散在后领口、后肩线、后袖窿。

图4-41 　　　　　　　　　图4-42

如 图4-43、 图4-44所示，根据标示线在白坯布上做好刀背缝分割线记号点，并修剪多余缝份，翻开后中裁片并固定，取适量大小布料，将白坯布上胸围线和人台胸围线对齐并固定，保持经纱垂直于地面，在后侧片上标出记号点，修剪多余缝份量。

图4-43　　　　　　　　　图4-44

如 图4-45、 图4-46所示，将后侧片和后中片在刀背缝分割处用珠针别合固定，注意预留1~1.5cm胸围松量和腰围松量，最后将前后衣片别合起来检查整体造型效果并调整松量。

 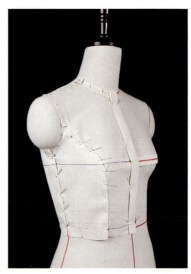

图4-45　　　　　　　　　图4-46

立裁制作（裙身制作）

如 图4-47、 图4-48所示，取适量大小布料，将白坯布的前中心线与人台相应标示线对齐并固定，腰部固定并修剪适量剪口，使白坯布自然下垂，量取裙长位置并标好记号点。

图4-47　　　　　　　　　图4-48

如图4-49、图4-50所示，根据裙长记号点修剪下摆并将下摆别光边。取适量大小布料，用同样的方法完成后裙片，将前后裙片别合起来检查整体造型效果并调整松量。

图4-49

图4-50

立裁制作（领子制作）

如图4-51~图4-54所示，取适量大小布料，在领口处打剪口，参考领围线标出记号点，根据款式图贴出衣领造型线，修剪多余缝份，最后将衣领和衣身在领口处用珠针固定别光边。

调整装领线曲度，将前后中心点分别往上提拉0.5cm，使领子形成微小的领座，防止领线外露。

整理样板

如图4-55、图4-46所示，将裁片从人台上取下，保留固定刀背缝分割线和侧缝的珠针，保持前后侧缝长度一致，用逗号尺画顺袖窿弧线和腰口线。

如图4-57、图4-58所示，将前后衣片在肩线处用珠针固定，注意固定珠针时保持肩部吃量，平铺后用逗号尺参考之前立裁过程中的标记点，画顺袖窿弧线和领口线。

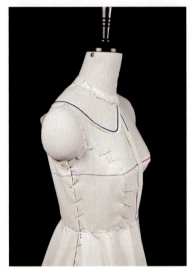

图4-51

图4-52

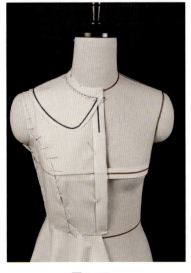

图4-53

图4-54

图4-55

图4-56

图4-57

图4-58

如图4-59、图4-60所示，将衣领裁片取下，平铺后用逗号尺参考之前立裁过程中的标记点，画顺领口线。最后将所有裁片熨烫平整，画顺所有轮廓线，并根据工艺要求修剪缝份。

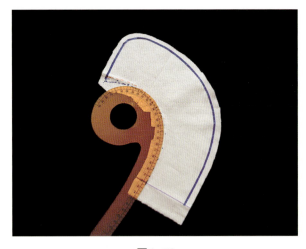

图4-59

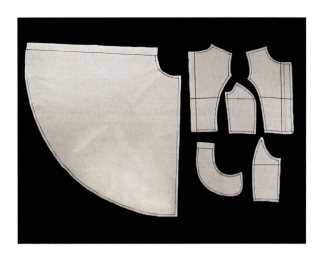

图4-60

整装效果

如图4-61~图4-64所示，将整理后的裁片重新别合好放置在人台上，检查各部位的松量是否合适，服装整体廓形是否符合款式要求，比例是否合适，前后侧面是否平整，衣领需要扣烫净边并检查绱领位置是否平整。

图4-61

图4-62

图4-63

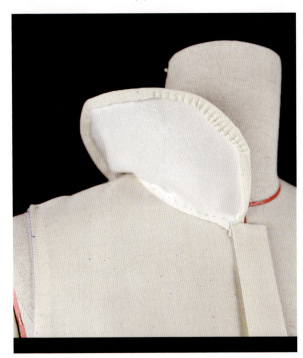

图4-64

图4-65　　　　　　　　　　图4-66　　　　　　　　　　图4-67

图4-68　　　　　　　　　　图4-69　　　　　　　　　　图4-70

图4-71   图4-72   图4-73

图4-74

图4-75

图4-76

第五章

合体上衣立体裁剪

四开身普利特褶小立领衬衫

订单款式图（图5-1、图5-2）

图5-1

图5-2

款式分析

前身： 领口褶，收腰省

下摆： 直摆

后身： 收腰省

衣领： 立领

衣袖： 荷叶边袖，袖山头抽碎褶

立裁准备

如图5-3~图5-5所示，用蓝色标示带在人台上按照订单款式贴出所需要的造型线，注意比例和款式图保持一致。

① 衬衫后中的长度为54~56cm，前长于后。

② 衬衫的胸围和腰围松量均可设置为4~8cm。

③ 立领高度为3~4cm。

图5-3

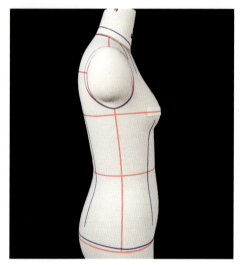

图5-4

图5-5

取料图(图5-6)

部位	长（cm）	宽（cm）
前片	66	32
后片	66	30
衣领	10	25
门襟条	65	5
荷叶边袖	70	30

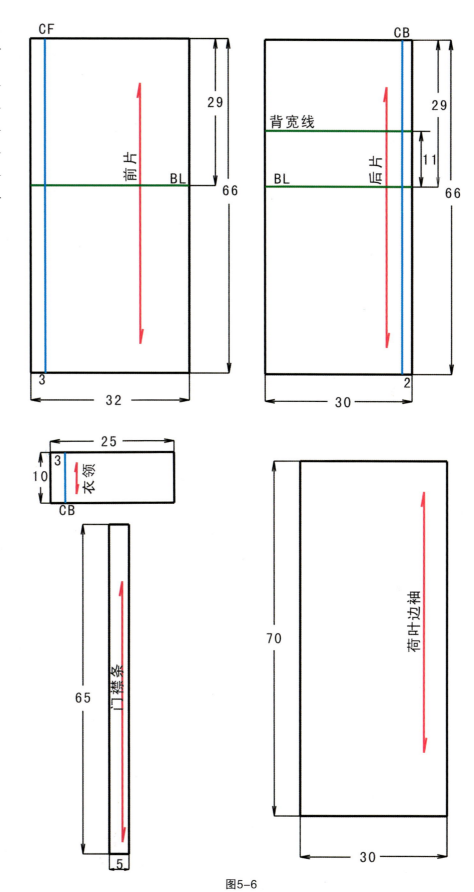

图5-6

立裁制作（前身制作）

如图5-7、图5-8所示，取适量大小布料，将白坯布中心线、胸围线、腰围线和人台相应标示线对齐固定，胸围松量留1.5~2cm，将侧边胸围线对齐并固定，袖窿位置留出的余量即腋下胸省量。

图5-7   图5-8

如图5-9、图5-10所示，将腋下的胸省量转移至领口，形成三个发散型领口褶裥，注意指向BP点的省量大些，远离BP点的省量小一些，修剪领口多余布料，留出1.5~2cm的缝份量。

图5-9   图5-10

如图5-11、图5-12所示，将门襟缝头扣烫到反面，用准备好的门襟条别合在衣片门襟位置，将袖窿、领口缝份修剪至1~1.5cm，留出前片三围的松量，将多余的腰围量别合，形成腰省。

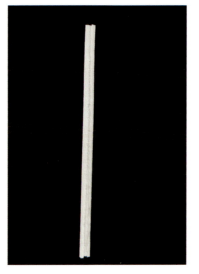

图5-11   图5-12

立裁制作（后身制作）

如图5-13、图5-14所示，取适量大小布料，将横背宽线和人台对应，后中往外在腰部偏出1.5cm分散腰部余量，胸围线、腰围线和人台对齐。将肩部余量分散至后领口、后肩线、后袖窿处。做标记线，修剪领口、肩部、袖窿。

图5-13　　　　　　　　　图5-14

如图5-15、图5-16所示，胸腰处留1~1.5cm，松量在侧缝固定，将腰部余量用省道形式进行处理。

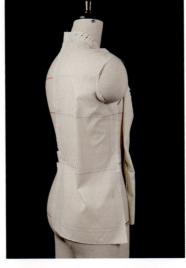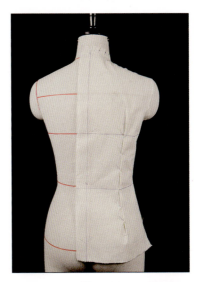

图5-15　　　　　　　　　图5-16

如图5-17、图5-18所示，将前后侧缝、肩缝别合起来检查整体造型效果并调整松量。

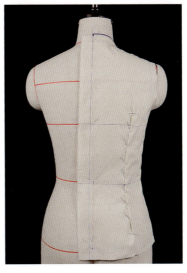

图5-17　　　　　　　　　图5-18

立裁制作（衣领制作）

如图5-19、图5-20所示，取适量大小布料，将白坯布后中线与人台后中线对齐固定，先横向别合两根针，间隔2cm，往前适当下接领片，使上边缘与人台颈部形成1.5cm左右空隙，边调整打剪口并固定装领线与领口线。

 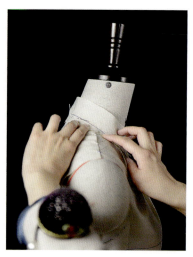

图5-19　　　　　　　　　图5-20

如图5-21、图5-22所示，沿领圈线在衣领上做好标记，将立领扣折别在衣片上固定，调整整体衣领效果。

图5-21　　　　　　　　　图5-22

立裁制作（衣袖制作）

如图5-23~图5-26所示，将提前制作好的抽褶小飞袖固定在衣身上，从正、背、侧三面观察调整衣袖立体效果。

图5-23

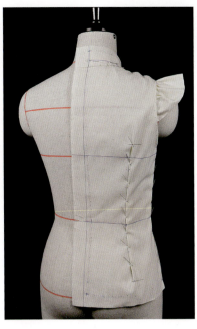

| 图5-24 | 图5-25 | 图5-26 |

整理样板

如图5-27、图5-28所示，将立体裁剪完成的坯布样片取下，保留固定省道、褶裥和侧缝的珠针，平铺后用逗号尺参考之前立裁过程中的标记点，画顺前后袖窿弧线。

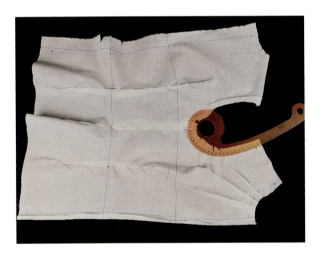

图5-27

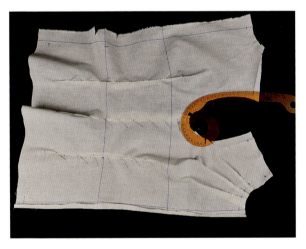

图5-28

如图5-29、5-30所示，将前后衣片在肩线处用珠针固定，注意固定珠针时保持肩部吃量，平铺后用逗号尺参考之前立裁过程中的标记点，画顺袖窿弧线和领口线。

如图5-31、图5-32所示，将前后衣片在侧缝处用珠针固定，保持前后侧缝线等长，画顺底边线。最后根据标记点画出省线、褶线和轮廓线，再根据工艺要求修剪缝份。

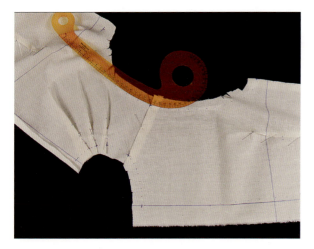

图5-29

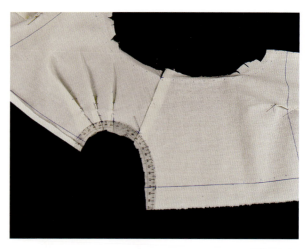

图5-30

图5-31

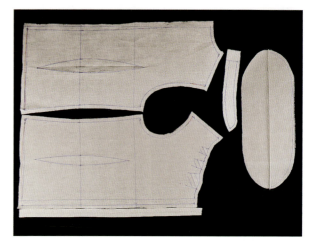

图5-32

整装效果

    如图5-33~图5-35所示,将整理后的裁片重新别合好放置在人台上,检查各部位的松量是否合适,服装整体廓形是否符合款式要求,比例是否合适,前后侧面是否平整。

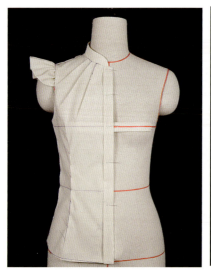

图5-33

图5-34

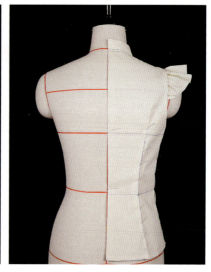

图5-35

三开身方肩袖波浪摆时尚外套

订单款式图（图5-36、图5-37）

图5-36

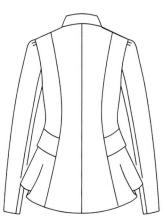

图5-37

款式分析

前身：刀背缝＋腋下省，腰部横向分割带重叠

下摆：波浪摆

后身：公主线

衣领：立领

衣袖：方肩两片袖

立裁准备

如图5-38～图5-40所示，用蓝色标识带在人台上按照订单款式贴出所需要的造型线，注意比例和款式图一致。该款式为三开身结构，前身设有腋下省，腰部设有假袋盖，后身有公主线结构；衣领为立驳领；袖山头有褶裥设计，两片袖结构。

①腰部黑色标识线表示腰部重叠部分的量。

②外套后中的长度大约为56～58cm，前长于后。

③外套的胸围和腰围松量均可设置为4～8cm。

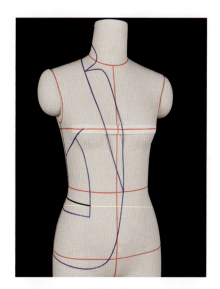

图5-38

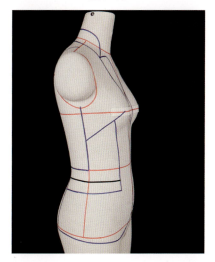

图5-39

图5-40

取料图（图5-41）

部位	长（cm）	宽（cm）
前中	70	70
前侧	30	35
后中	70	25
后侧	50	20
领一	40	10
领二	20	10
大袖	70	35
小袖	60	25

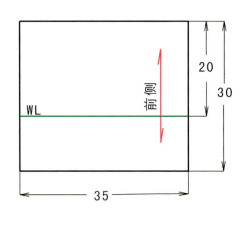

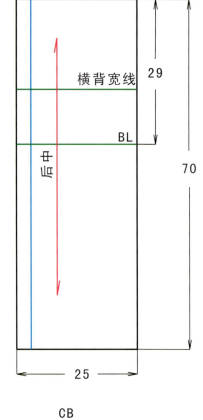

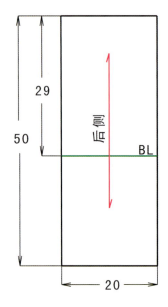

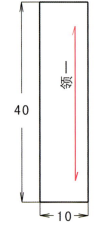

图6

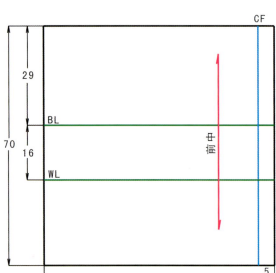

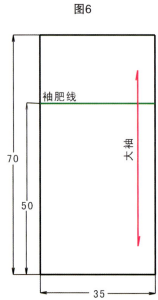

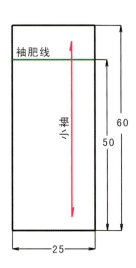

图5-41

立裁制作（前身制作）

如图5-42、图5-43所示，将白坯布的前中心线、胸围线、腰围线和人台上的相应标示线对齐并固定。粗裁领口，推平肩部，预留1~1.5cm胸围松量，理顺袖窿，将余量推至腋下省处。

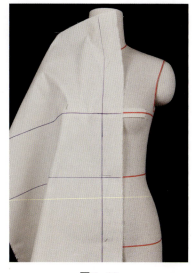

图5-42　　　　　　　　图5-43

如图15-44、图5-45所示，捏腋下省，按照造型线预留1.5cm缝份进行粗裁，注意下摆和侧缝放出摆量。

图5-44　　　　　　　　图5-45

如图5-46~图5-47所示，腋下片经向垂直地面，腰围线对齐人台腰围标示线，腰围留出1~1.5cm松量，用笔做出造型线标记，进行粗裁。

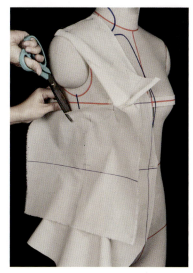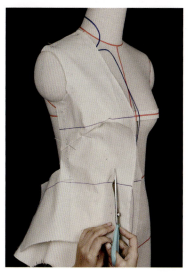

图5-46　　　　　　　　图5-47

如图5-48、图5-49所示，标出腋下片造型线并修剪。此为三开身结构，腋下片比较宽，为了保证腰部的合体，需在两侧腰线进行扒开处理。

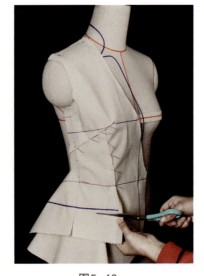

图5-48　　　　　　　　图5-49

立裁制作（后身制作）

如图5-50、图5-51所示，将后片中心线、胸围线与人台相应标示线对齐，肩胛凸量放置在分割线处，胸围留出1cm左右松量，做出造型线记号，进行粗裁。

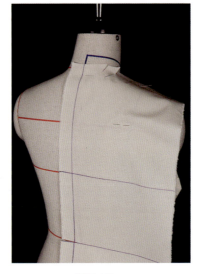
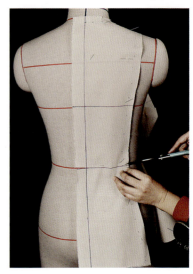

图5-50　　　　　　　　图5-51

如图5-52、图5-53所示，将后腋下片经向垂直地面，腰围线和人台腰围标示线对齐，留出1cm胸围松量进行粗裁，将前后裁片别合起来检查整体造型并调整松量。

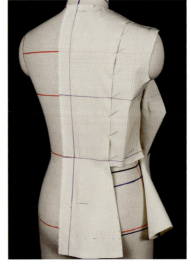
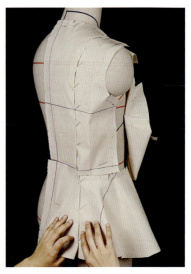

图5-52　　　　　　　　图5-53

立裁制作（衣领制作）

如图5-54、图5-55所示，将领一按照造型和领圈别合。将领二后中与人台后中对齐，横向别合两针固定后中。

 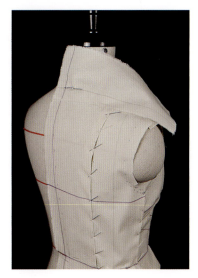

图5-54   图5-55

如图5-56、图5-57所示，沿领二下口边打剪口边固定，使领二和领一结合圆顺平整，做出标记线，修剪多余缝份。

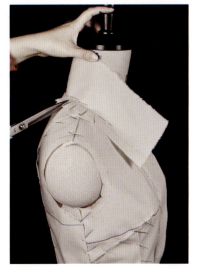 

图5-56   图5-57

立裁制作（衣袖制作）

如图5-58、图5-59所示，袖子采用平面和立体结合的方法制作。先用平面方法粗裁一个两片袖，保证袖身和袖底部的准确性，袖山高可以多留一些缝份以便立体造型。

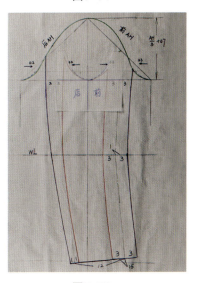 

图5-58   图5-59

如图5-60、图5-61所示，珠针从腋下开始别合袖底缝至前后袖窿弧线切点处，注意袖子的前倾度正确，袖山头根据款式进行造型，使袖头保持一定厚度和饱满度。

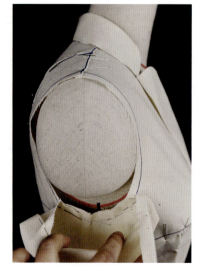

图5-60　　　　　　图5-61

如图5-62、图5-63所示，完成后袖山头的造型，保持后臂的厚度和饱满度。观察袖子和整体衣身的匹配效果并进行调整。

整理样板

如图5-64、图5-65所示，将裁片从人台取下，画顺前后袖窿弧线。

图5-62　　　　　　图5-63

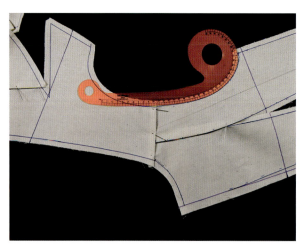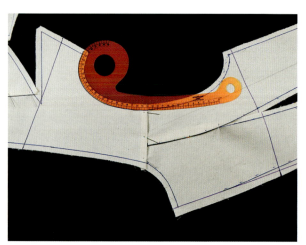

图5-64　　　　　　图5-65

如 图5-66、 图5-67所 示，
检查前后肩部、前后领口过渡是
否顺直。

如 图5-68、 图5-69所 示，
检查下摆是否圆顺，前后袖窿底
部是否圆顺。

如 图5-70、 图5-71所 示，
检查腋下省的两条省道是否一样
长，最后检查裁片是否完整。

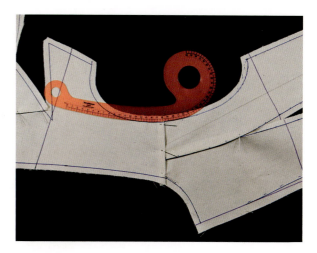

图5-66

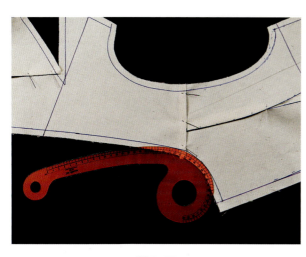

图5-67

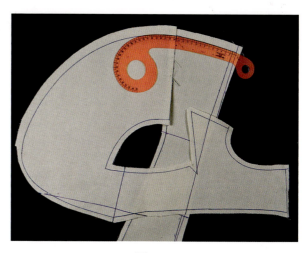

图5-68

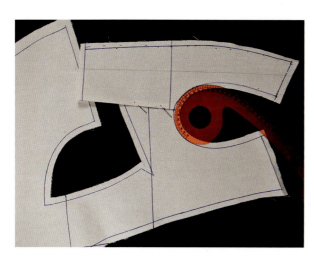

图5-69

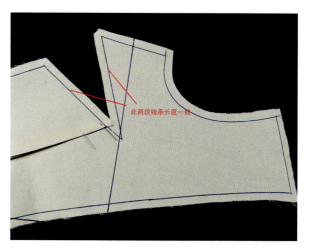

图5-70

图5-71

整装效果

如图5-72~图5-74所示，将整理后的裁片重新别合好放置在人台上，检查各部位的松量是否合适，服装整体廓形是否符合款式要求，比例是否合适，前后侧面是否平整。

图5-72

图5-73

图5-74

翻驳领花瓣摆褶裥袖双排扣外套

订单款式图（图5-75、图5-76）

图5-75　　　　　　图5-76

款式分析

前身：领口弧线分割，后腰断腰线从前侧公主
　　　　线直通下摆，分割线上五个褶，双排扣

下摆：花瓣摆

后身：刀背分割、断腰、腰口收褶裥

衣领：翻驳领

衣袖：袖头人字褶，一片袖

立裁准备

　　如图5-77~图5-79所示，用蓝色标示带
在人台上按照订单款式贴出所需要的造型线，
注意比例和款式图保持一致。

　　① 外套后中的长度为100~105cm，前长于
后。

　　② 外套的胸围和腰围松量均可设置为
4~8cm。

　　③ 外套门襟宽度为6~8cm。

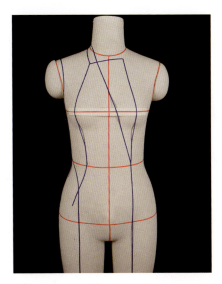

图5-77

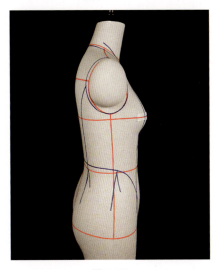

图5-78

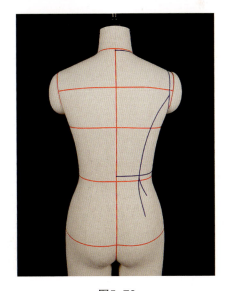

图5-79

取料图（图5-80）

部位	长（cm）	宽（cm）
前中	105	26
前侧	60	30
后中	45	25
后侧	36	20
裙片	80	60
袖片	50	45
领子	17	32

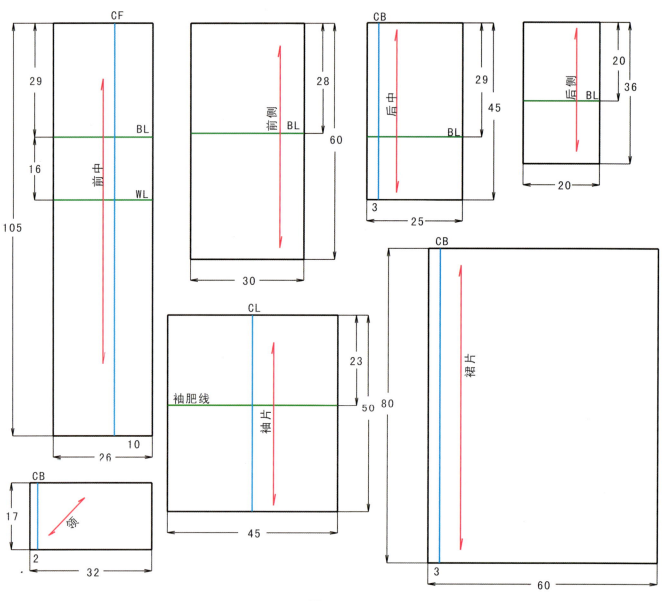

图5-80

立裁制作（前身制作）

如图5-81所示，取适量大小布料，将白坯布的前中心线、胸围线、腰围线对齐人台相应标示线并固定，留出胸部、腰部松量0.5~1c，将余量推至弧形分割线处，做标记并留1.5~2cm进行粗裁。

如图5-82~图5-84所示，将前上侧白坯布胸围线、腰围线对齐人台，移开前中裁片，标出造型线记号点，将前上侧沿着贴好的造型线修剪1.5cm左右的缝份，用前侧片别合衣身前片的领口分割线。

立裁制作（后身制作）

如图5-85所示，取适量大小布料，将后中心线向外偏移1.5cm，胸围线和人台对齐，肩胛量分散至后领口、肩线，留出胸腰松量0.5~1cm，做标记进行粗裁。如图8-56、图8-57所示，后侧片保持经向垂直于地面，胸腰分别留出0.5~1cm松量进行粗裁。

图5-81

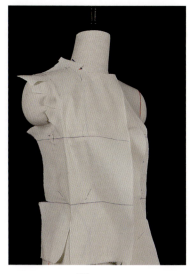

图5-82

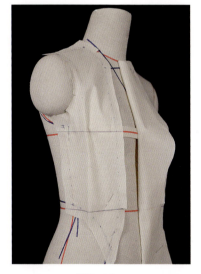

图5-83

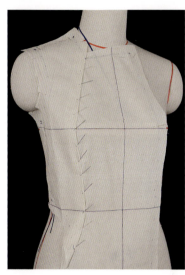

图5-84

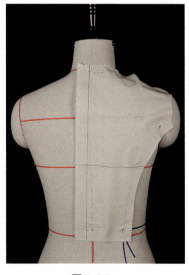

图5-85

图5-86

如图5-87、图5-88所示，将后刀背、前后侧缝、肩缝别合起来挂在人台上检查整体造型效果并调整松量。

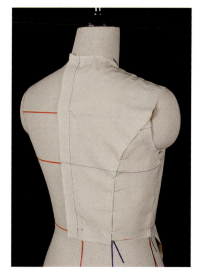

图5-87 图5-88

立裁制作（侧身制作）

如图5-89、图5-90所示，将侧身的分割线在布料上标示出来，取适量大小布料，将侧身白坯布的后中心线与人台后中心线对齐并固定，在侧缝处将裙片往上提拉，使下摆变小、腰部余量增加。将腰部多余的量均匀分在五个褶标示的位置上并调整固定。

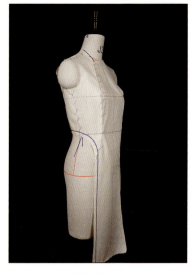

图5-89 图5-90

如图5-91、图5-92所示，将多余的量在侧面和前片进行捏褶调整固定，调整下摆围度以及臀围松量约1.5cm，并固定在前中。

图5-91 图5-92

如图5-93、图5-94所示，调整褶裥形状成水滴形，再将分割线外的面料进行粗裁，将侧片缝头修剪至1.5cm左右，上身与侧片别合固定。

图5-93   图5-94

立裁制作（衣领制作）

如图5-95、图5-96所示，取适量大小布料，将白坯布后中线与人台后中线对齐，横向别合两针，间隔2cm，然后将领片向上提拉，使外围线远离人台，可以向下翻折，边向前提拉边打剪口，保持领座平整，注意不要提拉过多，以防领外围线过松。

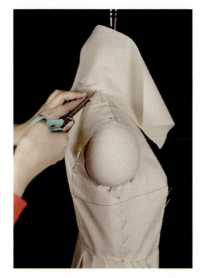

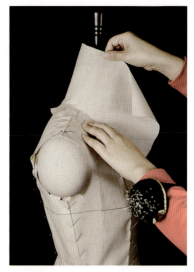

图5-95   图5-96

如图5-97、图5-98所示，将立起来的领子顺着脖子翻折线翻下，领口调整圆顺，然后把驳领沿着翻折线翻过来盖住领面，用标示带贴出驳领造型线。

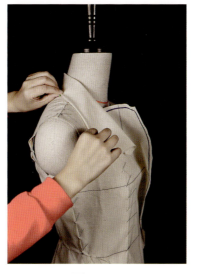

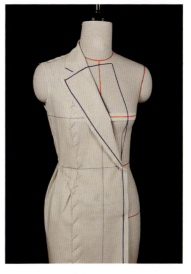

图5-97   图5-98

立裁制作（衣袖制作）

如图5-99、图5-100所示，袖子采用平面和立体结合的方法制作，用硫酸纸在人台上拷贝出衣身腋下袖窿弧线，用平面制图法画出一片袖结构图，注意提前将袖中褶裥量折叠好，将腋下袖窿弧线拷贝在一片袖平面结构图上。

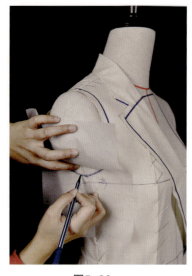
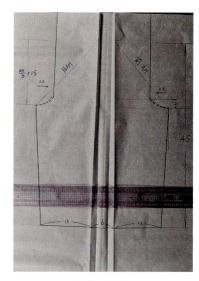

图5-99   图5-100

如图5-101、图5-102所示，先用平面方法画好一片袖，保证袖身和袖底部的准确性，袖山高可以多留一些缝份以便立体造型，用拷下来的袖窿弧线在画好的袖子基板上把袖子腋下的前后弧线相对比并微调。

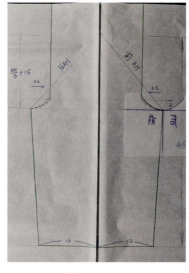
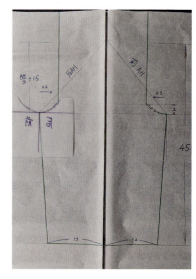

图5-101   图5-102

如图5-103、图5-104所示，沿着袖子样板剪下裁片，袖山处黏衬处理，把褶裥折叠固定好，袖口缝头翻折到反面，将袖子腋下和衣身袖窿腋下别合一段距离，并打剪口。

图5-103   图5-104

如图5-105、图5-106所示，将袖山头提起来，袖山中点对齐肩线，利用前后袖山多余浮量叠出人字褶裥。

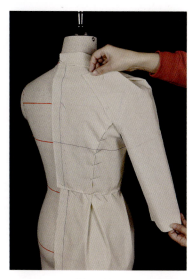

图5-105　　　　　　　　图5-106

如图5-107、图5-108所示，从正面观察袖子整体效果，固定好袖山人字褶裥造型。

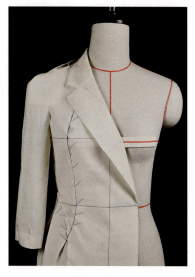

图5-107　　　　　　　　图5-108

如图5-109、图5-110所示，调整褶裥形态，将袖山头多余面料粗剪，把袖窿完全别合，调整袖子形态，沿着袖窿弧线将袖子别合在衣身上。

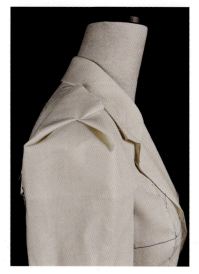

图5-109　　　　　　　　图5-110

整理样板

　　如图5-111、图5-112所示，将立体裁剪完成的坯布样片取下，保留固定分割线和侧缝的珠针，平铺后用逗号尺参考之前立裁过程中的标记点，画顺前后袖窿弧线。

　　如图5-113、图5-114所示，将前后衣片在肩线处用珠针固定，注意固定珠针时保持肩部吃量，平铺后用逗号尺参考之前立裁过程中的标记点，画顺袖窿弧线和领口线。

　　如图5-115、图5-116所示，用逗号尺参考之前立裁过程中的标记点，画顺下侧片弧线以及对应的前片分割线弧线。

图5-111

图5-112

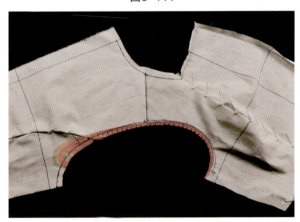

图5-113

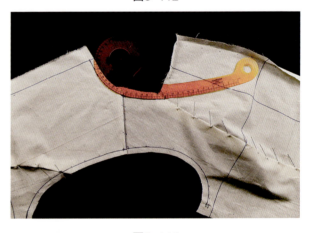

图5-114

图5-115

图5-116

如图5-117所示，将所有裁片熨烫平整，检查裁片是否完整，并画出褶裥和轮廓线，再根据工艺要求修剪缝份。

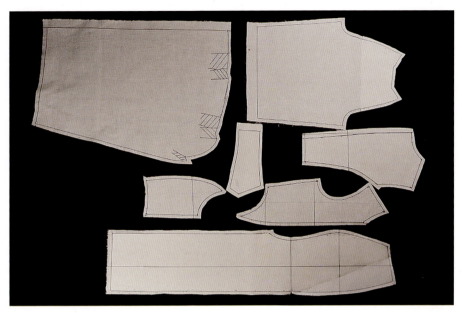

图5-117

整装效果

如图5-118~图5-120所示，将整理后的裁片重新别合好放置在人台上，检查各部位的松量是否合适，服装整体廓形是否符合款式要求，比例是否合适，前后侧面是否平整，褶裥形态是否美观，领口翻折线是否圆顺。

图5-118

图5-119

图5-120

图5-121

图5-122

图5-123

图5-124

图5-125

图5-126

图5-127

图5-128

图5-129

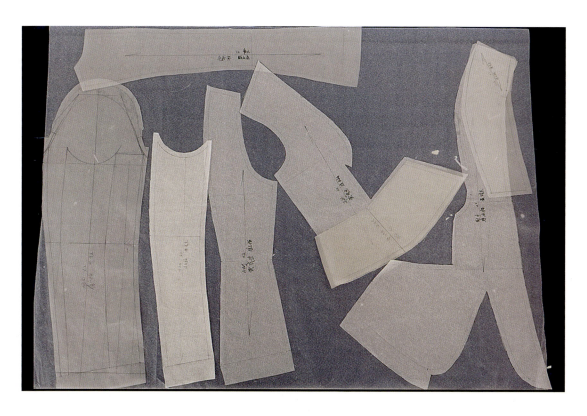

图5-130

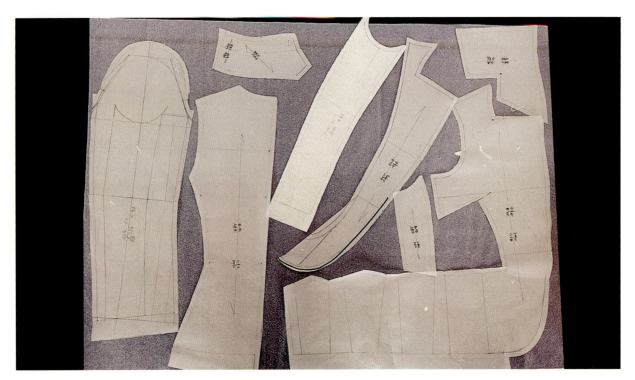

图5-131

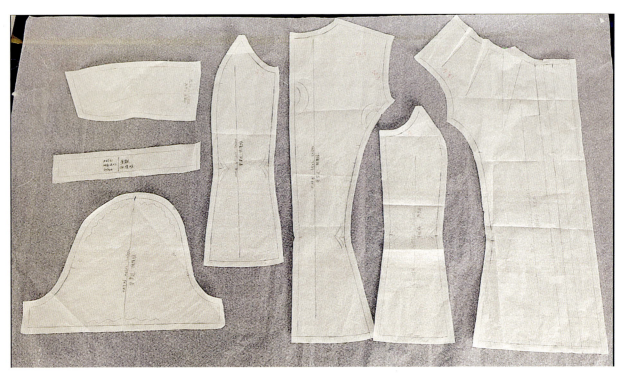

图5-132

图5-133

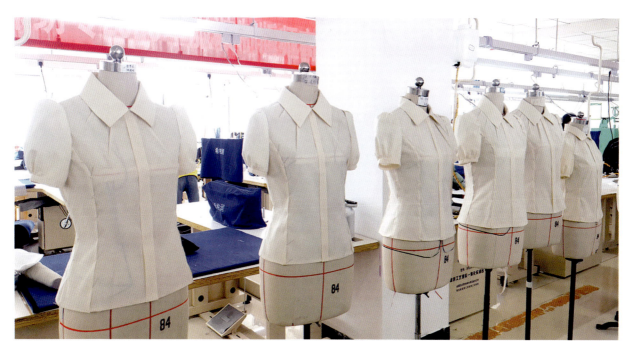

图5-134

图5-135

第六章

宽松上衣立体裁剪

A字型盖袖衬衫

订单款式图（图6-1、图6-2）

图6-1

图6-2

款式分析

前身：无省A廓型

后身：无省A廓型

衣领：V领带荷叶边装饰

衣袖：泡泡盖袖

立裁准备

　　如图6-3~图6-5所示，用蓝色标示带在人台上按照订单款式贴出所需要的造型线，注意比例和款式图保持一致。

图6-3

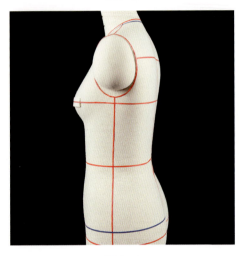

图6-4

图6-5

取料图（图6-6）

部位	长 （cm）	宽 （cm）
前片	66	35
后片	66	35
衣领	40	40
蝴蝶结	60	15
盖袖	16	25

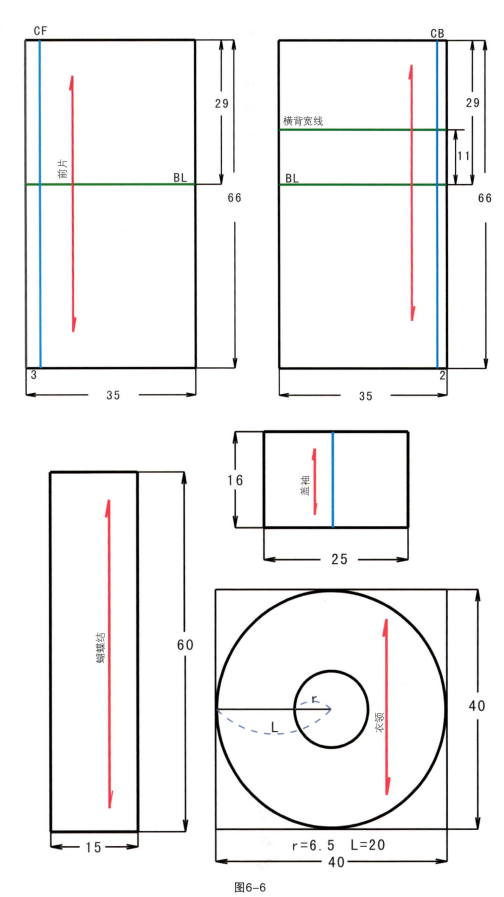

图6-6

立裁制作（前身制作）

如图6-7、图6-8所示，将白坯布的前中心线、胸围线、腰围线和人台相应标示线对齐并固定，粗裁领口，推平肩部，预留1~1.5cm胸围松量，理顺袖窿，将余量推至下摆。

图6-7 　　　　　　　　图6-8

立裁制作（后身制作）

如图6-9、图6-10所示，将后片中心线、背宽线、胸围线与人台相应标示线对齐并固定，将领口、肩部、袖窿推平整，余量推至下摆。

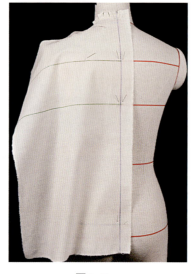

图6-9 　　　　　　　　图6-10

如图6-11、图6-12所示，整理衣身廓形，修剪袖窿和下摆，别合侧缝线，观察衣身前后要整体平衡。

图6-11 　　　　　　　　图6-12

如图6-13、图6-14所示，将荷叶边别合在领口上，修剪外轮廓线条，调整至与款式图吻合。

图6-13　　　　　　6-14

如图6-15所示，参考基本袖型取部分袖山放出打褶余量，粗裁后形成盖袖基础袖布样，将盖袖袖片的袖山头缩褶整理到位，标记袖中线，形成立体效果。

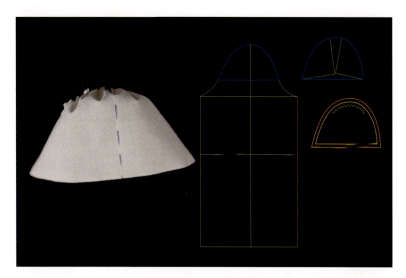

图6-15

如图6-16、图6-17所示，将盖袖别合在袖窿上，袖山顶点对好位置，别合时注意袖山弧线的匹配调整，同时装饰好蝴蝶结饰带，调整细节，标记点影线。

图6-16　　　　　　图6-17

如图6-18、图6-19所示，将裁片从人台上取下，画顺前后下摆线和前后袖窿弧线。

如图6-20~图6-22所示，用工具尺检查领窝线，荷叶边轮廓线是否圆顺。

如图6-23所示，检查裁片是否齐备完整。

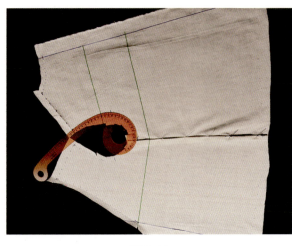

图6-18

图6-19

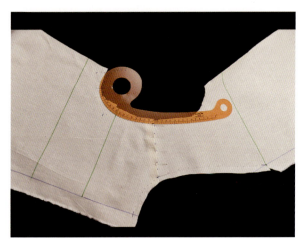

图6-20

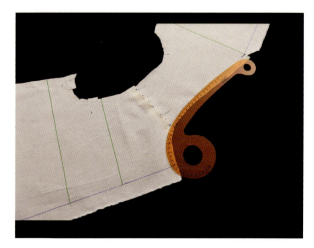

图6-21

图6-22

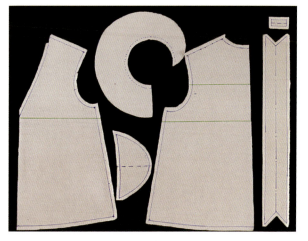

图6-23

整装效果

如图6-24~图6-26所示，将整理后的裁片重新别合好放置在人台上，检查各部位的松量是否合适，服装整体廓形是否符合款式要求，比例是否合适，前后侧面是否平整。

图6-24

图6-25

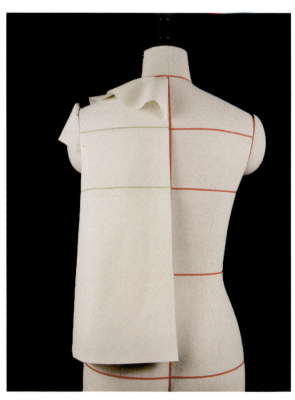

图6-26

一片式茧型插肩袖大衣

订单款式图（图6-27、图6-28）

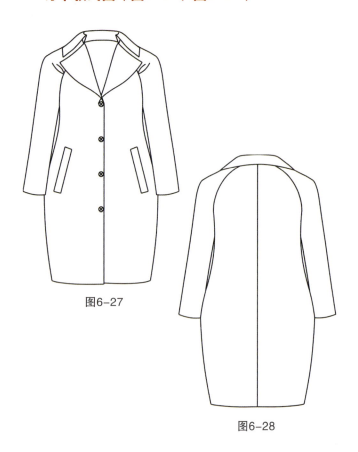

图6-27

图6-28

款式分析

前身： 茧型宽松廓形，腰臀松量适度，四粒扣，
斜插袋，领省

下摆： 略收进

后身： 宽松廓形，腰臀松量适度，后中开缝

衣领： 拿破仑领

衣袖： 插肩袖，分割褶裥

立裁准备

如图6-29~图6-31所示，用蓝色标示带在
人台上按照订单款式贴出所需要的造型线，注意
比例和款式图保持一致。该款式为侧面连裁结构，
前身加深袖窿，腰部宽松茧型，斜插袋，衣领为
拿破仑领，插肩袖，前后肩分割处有褶裥设计。

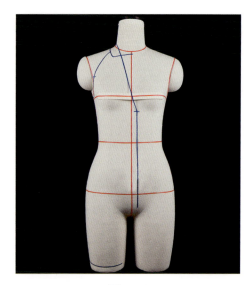

图6-29

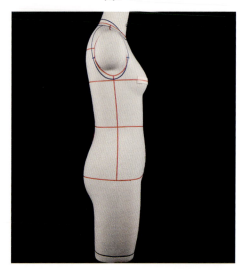

图6-30

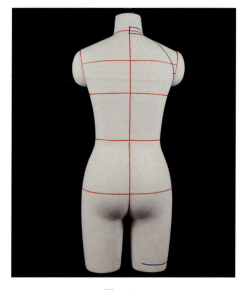

图6-31

取料图（6-32）

部位	长 （cm）	宽 （cm）
前后衣身	110	110
袖片	80	50
领面	20	35
领座	10	32
袋片	9	20

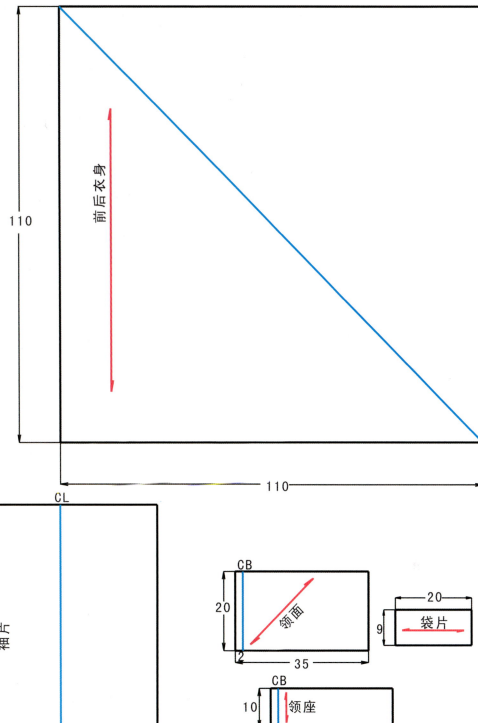

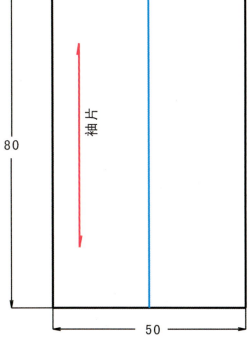

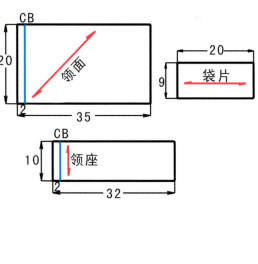

图6-32

立裁制作（前身制作）

如 图6-33、 图6-34所示，将45°斜纱白坯布固定在人台正侧面，调整到适当松度，固定前中线位置。

图6-33　　　　　　图6-34

如 图6-35、 图6-36所示，整理肩部和侧面布料，放出适量松度，调整茧型廓形，余量推开至袖窿，固定肩部及后中。

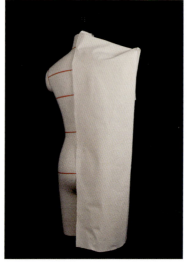 

图6-35　　　　　　图6-36

如 图6-37、 图6-38所示，在袖窿胸宽背宽处保留适量松度，余量整理至领口，形成领省，用珠针固定。

图6-37　　　　　　图6-38

如图6-39、图6-40所示，固定后背造型，沿分割线别合珠针，安装好垫肩及手臂，为后面立裁衣袖做好准备。

图6-39

图6-40

如图6-41所示，将准备好的衣袖布料对折，袖中线距折边2cm，使前袖小于后袖，做好标记确定基础袖口大小为10cm，袖缝线（距袖口20cm）约为垂线。

如图6-42所示，把用于立裁衣袖的坯布袖中线沿手臂中线位置固定好，别合袖口处一段袖缝。

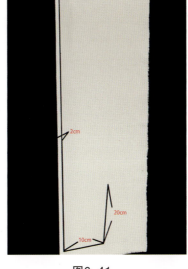

图6-41

图6-42

如图6-43、图6-44所示，袖身在手臂内侧放出适量松度进行别合，将手臂抬高约45°，胸宽处推出适量松度，将余量形成褶裥固定好，标记分割线位置。

图6-43

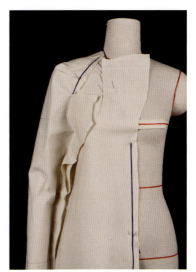

图6-44

如图6-45、图6-46所示，将肩部别合推平布料，多余的布料在分割线处形成暗褶，前后肩部用相同方式处理，保持衣袖有一定的合体度，同时确定好胸宽和背宽处的袖山转折点，标记位置，打剪口。

图6-45

图6-46

如图6-47、图6-48所示，微抬手臂，从前、后、侧三面审视衣袖造型，整理好坯布，将转折点以下的部分围合手臂腋下，调整袖底的位置和松度，尽可能吻合袖窿。

图6-47

图6-48

如图6-49、图6-50所示，标记领窝线后开始立裁领座，使其与领窝线吻合，调整曲度，打剪口，设计好宽度造型，整体形态呈内倾，贴合颈部，不宜太紧。

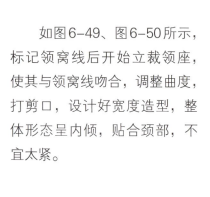

图6-49

图6-50

如图6-51所示，准备好翻领的布料，沿领座上口线贴合形态固定，转至前面翻折多余的布料，沿造型线整理服贴。

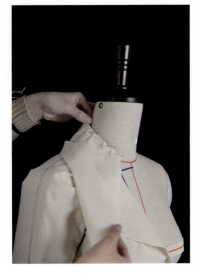

图6-51

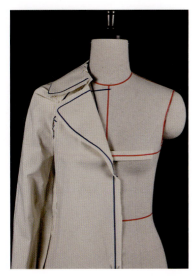

图6-52

如图6-52~图6-54所示，从正、背、侧三面审视整体效果，调整细节，按造型贴出轮廓线，设计好口袋位置，标记点影线。

图6-53

图6-54

整理样板

如图6-55~图6-57所示，取下衣袖布料，勾画点影线，根据腋下前后袖窿长度，截取一致的袖山弧线长度，调整好线条，描画褶裥和分割线条。

如图6-58所示，将全部材料从人台上取下，画顺结构线和轮廓线，检查底摆是否圆顺，修剪缝边。

图6-55

图6-56

整装效果

如图6-59～图6-64所示，将整理好的裁片重新别合后放置在人台上进行试衣，检查各部位的松量是否合适，服装整体廓形是否符合款式要求，比例是否合适，褶裥是否左右对称，前后侧面是否平整。

图6-57

图6-58

图6-59

图6-60

图6-61

图6-62

图6-63

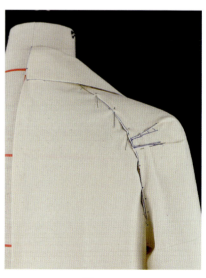

图6-64

第七章

创意服装立体裁剪

腰部交叠设计连衣裙

订单款式图（图7-1、图7-2）

图7-1

图7-2

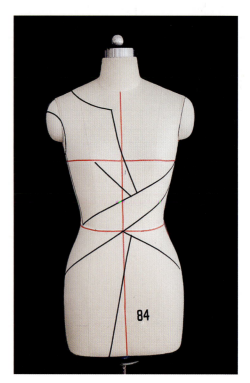

图7-3

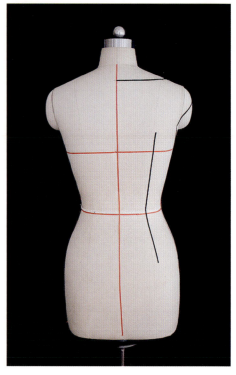

图7-4

款式分析

前身： 前腰V字分割，小刀折角片在腹部交叉层叠

下摆： 裙摆对称斜向折叠

后身： 后片腰节水平分割，收腰省

衣领： 圆领，领口左右交叠

衣袖： 连身盖肩袖

立裁准备

如图7-3、图7-4所示，用深色标示带在人台上按照订单款式特点贴出所需要的造型线（包括领口线、省道线、分割线、折叠造型线等），注意比例和款式图保持一致。

立裁制作（前身制作）

如图7-5、图7-6所示，取适当大小布料，布料经纱与胸围线保持垂直，用珠针将布料与人台固定，将所有省量集中在对侧斜向分割线上，省道指向胸高点，将领口线、分割线、袖窿线等造型线描画在布料上；另取一块布料，布料经纱与人台腰线垂直，保持衣身的合体造型与布料平整，在人台上根据造型线位置确定前侧小刀折角片，对侧侧缝处固定，在布料上做出结构线的标记。

如图7-7、图7-8所示，取适当大小布料，布料中央经纱与人台前中线重合，用珠针与人台固定，在腰线分割线上向内折出一个斜向的褶，保持布料平整，调整裙摆造型，在布料上做好侧缝线、分割线等标记；将布料从人台上取下，熨烫平整，用清晰流畅的线条画出所有的结构线，拷贝出对侧裁片，裙摆片对折拷贝，周围留出适量毛边，剪掉多余的布料，呈现前片上下的结构样板。

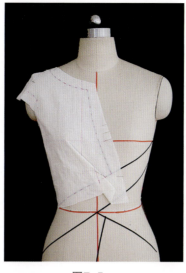

图7-5

图7-6

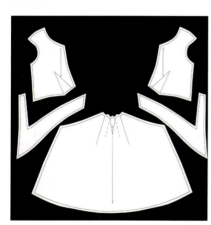

图7-8

图7-7

如图7-9、图7-10所示，用缝纫机固定省道，缝合固定前侧小刀折角片，注意需要交叉与对向固定毛边的部位需要根据标记点预留口子；做好的左右两个部分，将需要交叠的条形毛边扣烫，从预留的口子穿过交叠，边缘伸进对侧的分割线预留的口子中，摆放平整，缝合固定。

如图7-11、图7-12所示，将交叠处预留的口子从里面缝合固定，将剪口打在腰节交叠的交点，交点以下布料毛边铺开，用缝纫机固定前裙摆中央左右两个褶。

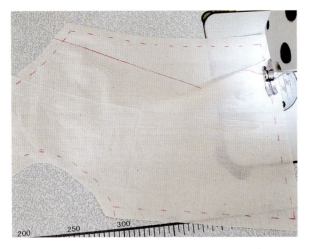

图7-9

图7-10

图7-11

图7-12

立裁制作（后身制作）

如图7-13所示，取适当大小布料，根据经纱方向画出中线，与人台后中线重合，按照后背曲线，捏出腰省、肩省，留出适当松量，在布料上画出领口线、袖窿线、侧缝线与省道的标记。

如图7-14所示，量出布料后片腰围尺寸，以此作为1/4圆周长，画出一段圆弧，根据后腰分割到前片下摆线长度尺寸，确定后片下摆裙长，在布料上画出另一条圆弧，将布料取下画出所有结构线，周围留出适量毛边，剪掉多余的布料，呈现后片上下的结构样板。

图7-13

图7-14

整装效果

　　如 图7-15~图7-17所示，缝合前后片肩缝、侧缝，拉链处用别针固定，领口与袖窿采用贴边工艺处理干净，下摆折边，挂上人台熨烫整理，检查各部位的松量是否合适，服装整体廓形是否符合款式要求，比例是否合适，前后侧面是否平整。

图7-15

图7-16

图7-17

连衣翻驳领女外套

订单款式图（图7-18、图7-19）

图7-18

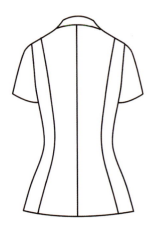

图7-19

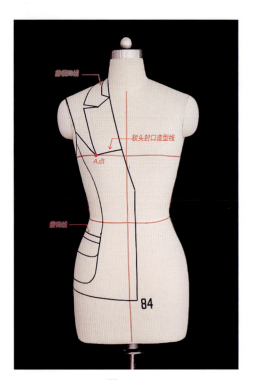

图7-20

图7-21

款式分析

前身： 前片刀背分割与袋盖、口袋边缘线自然
连接

下摆： 直线下摆

后身： 后片对称公主线分割

衣领： 驳头与袖窿分割线自然连接，翻折线为
断开结构

衣袖： 一片短袖结构

口袋： 隐藏对褶立体袋口

立裁准备

　　如图7-20、图7-21所示，用深色标示带
在人台上按照订单款式特点贴出所需的造型
线（包括领型线、翻折线、分割线、口袋造型
线、袖窿线、下摆线、止口线等），注意造型比
例和款式图保持一致。

立裁制作（前身制作）

如图7-22、图7-23所示，取适当大小的布料，经纱方向与人台前中心线一致，平铺于前胸上方。根据造型线，在布料上拷贝出肩线、袖窿线、分割线、领口线、串口线、翻折线、驳头造型线、驳头封口造型线等，将布料沿翻折线向外翻，拷贝出串口线、驳头造型线、驳头封口造型线，剪掉四周多余的布料。

如图7-24、图7-25所示，取适当大小的布料，经纱方向与人台前中心线对齐，用珠针固定，沿造型线剪掉多余的布料，将布料整理平整，所有省量集中在袖窿。为保证口袋立体造型，沿第二条袋口线固定对褶，留出适量的松量，用珠针固定，用笔在布料上拷贝出驳头造型线、袖窿分割线、驳头封口造型线、翻折线、止口线、下摆线、侧缝线、袋口线、刀背分割线。

如图7-26、图7-27所示，沿止口线将布料向外翻出，在布料上拷贝出领口线、翻折线、肩线、挂面边线，沿翻折线留1cm缝份进行修剪，将挂面展开到另一侧，用珠针与人台固定。取适当大小的布料，经纱方向与胸围线垂直，留出适当松量，根据造型线将布片与刀背分割线固定，拷贝出袖窿线、刀背分割线、袋盖边线，剪掉四周多余布料，侧缝可以多留一些量。

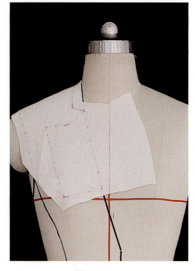

图7-22

图7-23

图7-24

图7-25

图7-26

图7-27

如图7-28、图7-29所示，取适当大小布料，纱向与衣身一致，放在口袋位置，将布料整理平整，拷贝出袋口线与口袋分割线。将前片缝合固定，驳领扣烫成光边效果。

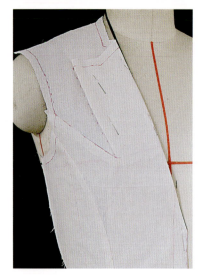

图7-28

图7-29

如图7-30、图7-31所示，整理与调整细节，将另一侧按照相同的方法与步骤做好，左右片门襟交叠固定，缝合袋盖，底摆和驳领止口处理成光边，挂上人台检查整体效果。

图7-30

图7-31

立裁制作（后身制作）

如图7-32、图7-33所示，取适当大小布料，布边按照经纱方向画出中线，与人台对齐，后中腰线处收掉部分省量，保持肩背的造型平整。按照造型线，布料四周拷贝出后中线、领口线、肩线、公主分割线、下摆线。

图7-32

图7-33

如图7-34、图7-35所示，取适当大小布料，经纱方向与胸围线垂直，公主分割线与后中片根据造型线用针进行捏合固定。留出适量松量，将布料整理平整并与人台固定，拷贝出公主分割线、肩线、袖窿线、下摆线等结构线。缝合前后肩线，调整松量，重新修正前后侧缝线。

图7-34　　　　　　　图7-35

立裁制作（衣领制作）

如图7-36、图7-37所示，取适当大小的布料，布边按经纱方向画出领中线，估算出大于领宽长度，画出领中线的垂直线，后领线与后中线对齐，交点与后领线中点重合，用珠针与衣片固定。按照设计好的领座高度，将领子翻下来，使后翻领外边线超过后领线0.5~1cm。

图7-36　　　　　　　图7-37

如图7-38所示，使翻折线与脖子留有一定空间自然翻转量，并与驳头翻折线对齐成一条线，修剪掉多余布料。领口连接曲线处打剪口，让衣身领口线与领片长度一致，调整领部造型，保证领座与翻领布料平整，画出领口线、串口线与前领角造型线。

如图7-39所示，将领子与衣片按照对位标记缝合连接，熨烫平整，挂上人台，观察与整理衣领造型。

图7-38　　　　　　　图7-39

如图7-40、图7-41所示，取适当大小的布料，按照经纱方向，居中画出袖中线，与肩线对齐，用珠针与肩点固定，调整袖中线与肩线延长线的夹角在45°左右，用珠针与衣片固定；调整出一定袖山吃缝量，依据前后袖窿线，在胸宽与背宽点以上画出部分袖山线。

图7-40   图7-41

如图7-42、图7-43所示，修剪掉袖山线上端多余的布料，剪口打在袖山线记号点处；袖山线下段粗略剪出弧线并将袖片向内翻转，调整袖肥、袖口大小并兼顾袖山与袖窿尺寸长度，用珠针将布料重叠固定出袖筒形状并进行调整。

图7-42   图7-43

如图7-44、图7-45所示，在袖窿底部做记号，分别画出袖片缝合线，按照袖窿线，在袖片上复制出下端部分的袖山线。

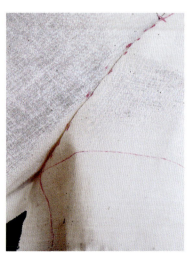

图7-44   图7-45

整理样板

如图7-46所示，将所有的结构标记做好，把布料从人台上取下来，熨烫平整,用清晰流畅的线条画出所有的结构线与对位标记，周围留出适量毛边，剪掉多余的布料，呈现出款式的结构样板（要左右对称拷贝），并拷贝另一侧的裁片。

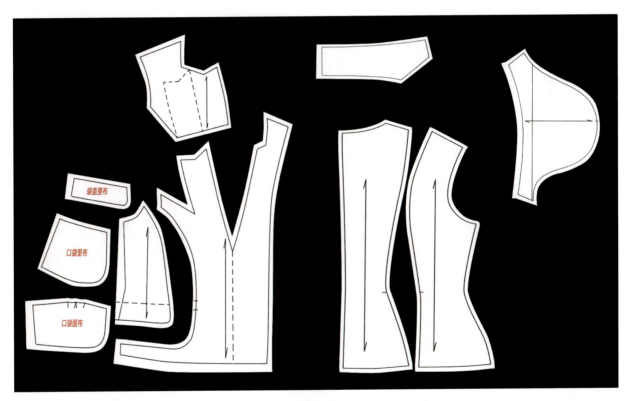

袋盖里布

口袋里布

口袋面布

图7-46

整装效果

如 图7-47~图7-50所 示，将衣身与袖子进行缝合，衣服挂上人台，熨烫整理，展示立体造型效果，检查各部位的松量是否合适，服装整体廓形是否符合款式要求，比例是否合适，前后侧面是否平整。

图7-47

图7-48

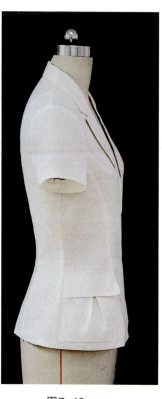

图7-49

图7-50

第八章

校企合作研发案例

合作企业：成都王米佳服饰有限公司

设 计 师：王米佳

中国知名设计师
2019年度先锋设计师
成都市市委、市政府授予"成都工匠"称号
成都市财贸轻化纺工会授予
"王米佳劳模和工匠人才创新工作室"

公司介绍

　　成都王米佳服饰有限公司创立于2016年，其品牌"Mico Wang"以中国知名服装设计师王米佳名字命名。"Mico Wang"以跨界思维打破都市女性对服装想象的界限，从手绘设计到面料选择，从工艺手法到版型确定，从针线制作到成衣试穿，从顾客穿着到场景搭配，将匠心注入每个环节，用匠人精神为顾客带来最优质的产品和服务。

校企合作研发案例一：抹胸小礼服

图8-1

本教材两位编者和王米佳设计师共同探讨研发款式，确定细节处理

图8-2

抹胸小礼服款式图

图8-3

图8-4

抹胸小礼服的前身造型线，贴线时注意和设计稿比例保持一致，为了突出小礼服胸部的曲线造型，故加胸垫进行立体处理

图8-5
小礼服的后背造型线

图8-6
王米佳工作室的技术总监在制作前中裁片

图8-7

图8-8

本教材编者和王米佳公司的技术总监共同完成前中两个裁片的立体造型

图8-9

图8-10

完成的前身立体造型，在处理分割线时注意长度匹配，吃势合理，线条圆顺饱满

图8-11

图8-12

本教材编者在完成后背的造型处理，后背左右不对称，左边结构简单，只需要腰部收腰省即可，右边侧缝下段和前身波浪摆合为一体，不裁断

图8-13
完成前下摆的造型,和右后片为一个整体

图8-14
加入上身的三角形造型

图8-15

图8-16

本教材的两位编者和王米佳设计师再次核对造型的细节是否和设计稿一致,并提出修改意见进行调整

图8-17
完成的后身造型

图8-18
完成的侧面造型

图8-19
本教材编者和王米佳公司技术总监共同完成从立裁样板转化成平面样板，讨论工艺处理细节，设计工业样板

图8-20
模特展示做好的成衣

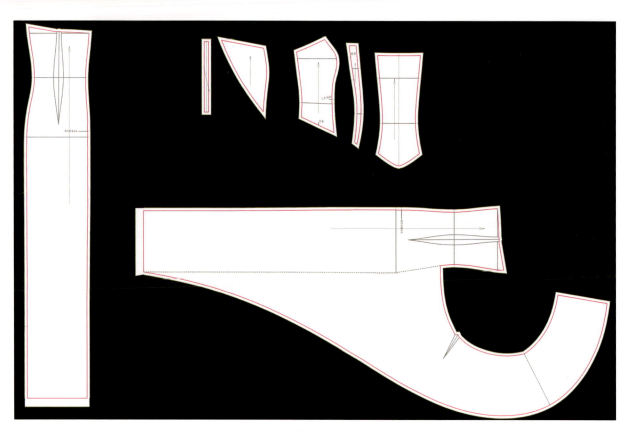

图8-21

抹胸小礼服的工业样板

图8-22

本教材两位编者和王米佳设计师完成抹胸小礼服项目开发后的合影

校企合作研发案例二：心型分割时尚上衣

图7-23
心型分割时尚上衣款式图

图7-24
本教材主编和企业技术总监讨论立体裁剪细节

图7-25

图7-26

心型分割时尚上衣的后身制作，注意腰围、胸围留出适量的余量

图8-27
完成前中心裁片的立裁效果，注意保持领口的服贴

图8-28
完成前侧裁片的立裁，公主线处和前中心裁片长度一致

图8-29
前中心裁片和前侧裁片用珠针别合起来，检查领口是否服贴，公主线是否平整，曲线流畅

图8-30
完成前上片的立裁

图8-31
本教材编者按照造型线对前上片进行描点，然后修剪多余的缝份

图8-32
前上片、前中和前侧用珠针别合起来，调整分割线处保证平整服贴

图8-33
做好的后背造型，注意刀背缝分割线的流畅，后中和后侧裁片无链形起皱，肩胛凸的余量分散在后领口、肩缝、袖窿等处，利用缝缩工艺进行处理

图8-34
本教材编者将前后侧缝用珠针别合起来，检查胸围、腰围松量是否合适

图8-35
完成的作品效果

图8-36
本教材主编和企业技术总监共同讨论如何将立裁
样板转换成平面工业样板

图8-37
完成的实物作品和立裁原版的细节对比

图8-38
模特展示该作品

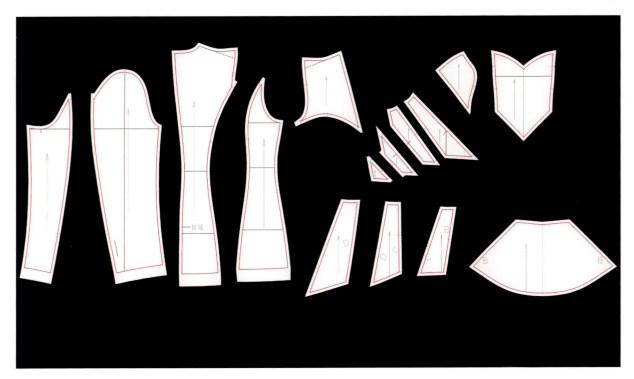

图8-39
心型分割时尚上衣的工业样板

图8-40
本教材两位编者和王米佳设计师完成心型分割时尚上衣项目开发后的合影

王米佳设计师作品欣赏

图8-41

图8-42

图8-43

图8-44

图8-45

图8-46

图8-47

图8-48

图8-49

图8-50

图8-51

图8-52

图8-53

图8-54

图8-55

图8-56

图8-57

图8-58

图8-59

图8-60